Kaufmännisches Rechnen

Dipl.-Kfm. Manfred Weber

Michael Hauer

Prof. Dr. Thomas Dommermuth

Inhalt

Teil 1: Praxiswissen Kaufmännisches Rechnen

Dreisatz   7
- Einfacher Dreisatz   7
- Zusammengesetzter Dreisatz   9

Währungsrechnen   11
- Umrechnung von Wechselkursen   11
- Devisenbörsen und Devisenkurse   13

Durchschnitts- und Verteilungsrechnen   17
- Durchschnittsrechnung   17
- Verteilungsrechnung   19

Prozentrechnen   21
- Prozentrechnung und Promillerechnung   21
- Prozentrechnung als Bruchrechnung   22
- Berechnung von Prozentwert und Prozentsatz   23
- Berechnung des Grundwertes   24

Zinsrechnen   27
- Berechnen der Zinsen   28
- Berechnung der Tage in der Zinsrechnung   29
- Berechnen von Kapital, Zinssatz und Zeit   31
- Summarische Zinsrechnung   34
- Zinseszinsrechnen   35
- Effektivzins   38

Aktien kaufen und verkaufen – Rendite · 47
- Aktienmarkt und Rentenmarkt · 48
- Die wichtigsten Aktienindizes · 48
- Aktienhandel · 50
- Dividendenzahlungen und Kursgewinne · 51
- Rendite von Aktien · 52
- Versteuerung von Gewinnen · 53

Anleihen · 57
- Mantel, Zinsscheinbogen und Zinsscheine · 58
- Nennwert und Kurswert · 58
- Kauf und Verkauf einer Anleihe · 59
- Bonität und Rating von Anleihen · 62
- Sonderformen festverzinslicher Wertpapiere · 63
- Risikostreuung in der Vermögensanlage · 64

Diskontierung · 65
- Diskontierung von Wechseln · 65
- Auf- und Abzinsung von Beträgen · 69
- Investitionen mit der Kapitalwertmethode prüfen · 72

Leasing oder Kauf? · 75
- Was ist Leasing? · 75
- Fallbeispiel: Kauf, Kredit oder Leasing? · 78

Abschreibungen · 81
- Anschaffungskosten und Abschreibungen · 81
- Lineare Abschreibung · 83
- Geometrisch-degressive Abschreibung · 85
- Leistungsabschreibung · 89

- Finanzierung aus Abschreibungen   90
- Buchung der Abschreibungen   90
- GWG und Investitionsabzug   91

Kostenrechnung und Kalkulation   **93**
- Kosten- und Leistungsrechnung   93
- Kalkulation in der Industrie   98
- Kalkulation im Handel   100

Deckungsbeitragsrechnung   **103**
- Vollkostenrechnung   103
- Deckungsbeitragsrechnung   106

Kennzahlen   **113**

Teil 2: Training Kaufmännisches Rechnen

Mathegrundlagen für den Unternehmensalltag **129**
- Dreisatz, Währungen, Durchschnitt   131
- Mit Prozenten rechnen   139
- Mit Mathe beeindrucken   145

Die Finanzierung beherrschen   **147**
- Von Zinsen und Zinseszins   149
- Effektivzins und Tilgung berechnen   161
- Den Kapitalwert ausrechnen   167
- Mit Renten kalkulieren   173

Geld richtig anlegen   **177**
- Aktien besser beurteilen   179
- Anleihen vergleichen   193
- Investmentfonds einschätzen   198
- Abgeltungsteuer kalkulieren   200

Von der Wahrscheinlichkeitsrechnung profitieren   **205**
- Wahrscheinlichkeiten und Chancen   207
- Den erwarteten Gewinn ermitteln   211

Die Kostenrechnung durchführen   **215**
- Die Abschreibungen berücksichtigen   217
- Den Preis richtig kalkulieren   225
- Den Deckungsbeitrag ermitteln   229
- Wo liegt die Gewinnschwelle?   233

Unternehmenskennzahlen ermitteln   **235**
- Die Bilanz untersuchen   237
- Finanzierung und Liquidität beurteilen   241
- Die Rentabilität erkennen   245

- Stichwortverzeichnis   247

Vorwort

Die Erfahrung zeigt, dass vieles vergessen wird, was in der Schule erlernt wurde. Auch wichtige und beruflich wie im Alltag hilfreiche Rechenoperationen geraten in Vergessenheit, wenn man sie länger nicht verwendet hat.

Wichtig ist deshalb, ein Nachschlagewerk zur Hand zu haben. Im vorliegenden TaschenGuide erhalten Sie eine kurze und präzise Zusammenstellung der wichtigsten Rechenvorgänge für die Arbeit im Unternehmen.

Deshalb beginnt jedes Kapitel mit einer kurzen Erläuterung des Nutzens für die Arbeitspraxis. Die notwendigen Rechenschritte werden dann an einfachen Beispielen erklärt, Musterlösungen wollen das schnelle Verständnis erleichtern.

Manfred Weber

Dreisatz

Die Dreisatzrechnung ist ein grundlegendes Rechenverfahren. Sie werden es in der täglichen Praxis immer wieder benutzen, wenn Sie Preise vergleichen, Maschinenlaufzeiten berechnen oder Kosten kalkulieren. Auch die Währungsrechnung (siehe Seite 11) geht auf den Dreisatz zurück.

Einfacher Dreisatz

Für den Dreisatz brauchen Sie zwei unterschiedliche Maßeinheiten, zum Beispiel das Gewicht von Äpfeln und ihren Preis. Diese Maßeinheiten müssen zueinander in Beziehung stehen. Jedem Wert von x entspricht ein bestimmter Wert von y.

x = Gewicht der Äpfel:	1	2	3	4	5	6 ..	(kg)
y = Preis der Äpfel:	2	4	6	8	10	12 ..	(€)

Bei der Dreisatzrechnung wird aus drei bekannten Werten der dazugehörende vierte Wert ermittelt. Zu zwei bekannten x-Werten und einem bekannten y-Wert wird der fehlende y-Wert gesucht.

Beispiel

Wenn Sie wissen, dass 2 Kilo Äpfel (erster bekannter x-Wert) 4 € (bekannter y-Wert) kosten, können Sie berechnen, wie viel 6 kg (zweiter bekannter x-Wert) kosten.

Sie erhalten den unbekannten y-Wert, indem Sie den bekannten y-Wert mit dem zweiten x-Wert multiplizieren und durch den ersten x-Wert dividieren.

- Aussagesatz   2 kg kosten 4 €

- Fragesatz   6 kg kosten x €

- Bruchsatz $x = \dfrac{4 \times 6}{2} = 12\ €$

Das vorliegende Beispiel ist ein **Dreisatz mit geradem Verhältnis**, weil sich x-Werte und y-Werte gleichartig verhalten. Zwischen den beiden Größen besteht ein direktes Verhältnis: Je mehr kg, desto mehr €.

Von einem **Dreisatz mit ungeradem Verhältnis** sprechen wir, wenn sich die x-Werte und y-Werte gegenläufig entwickeln: Wenn der eine Wert größer wird, sinkt der andere. Dies ist oft der Fall, wenn die Zeit in der Rechnung zu berücksichtigen ist, etwa wenn die Geschwindigkeit und die Zeit berechnet werden, die für eine bestimmte Strecke benötigt wird. Je schneller Sie eine Strecke zurücklegen, desto weniger Zeit benötigen Sie.

Das hat natürlich Konsequenzen für die Formel, nach der Sie rechnen müssen: Der bekannte y-Wert ist mit dem ersten x-Wert zu multiplizieren und durch den zweiten x-Wert zu dividieren.

Beispiel

In einem Industrieunternehmen wird ein bestimmter Rohstoffvorrat von 8 Automaten in 36 Arbeitstagen verarbeitet. Wegen
der schlechten Auftragslage wird die Fertigung auf 6 Automaten
begrenzt. Wie lange reicht jetzt der Rohstoffvorrat?

- Aussagesatz   8 Automaten - 36 Arbeitstage

- Fragesatz   6 Automaten -   x Arbeitstage

- Bruchsatz $x = \dfrac{36 \times 8}{6} = $ 48 Arbeitstage

Zusammengesetzter Dreisatz

Ein zusammengesetzter Dreisatz besteht aus mindestens zwei
einfachen Dreisätzen, die gerade oder ungerade sein können.
Entscheidend ist, dass diese Dreisätze miteinander zusam-
menhängen. Wenn zum Beispiel in einer Firma fünf Automaten 300 Teile in 24 Stunden fertigen, lässt sich mit dem zu-
sammengesetzten Dreisatz errechnen, wie viele Stunden
sechs Automaten für 540 Teile brauchen.

Wir haben es mit zwei Dreisätzen zu tun, die wir in zwei
Schritten auflösen können.

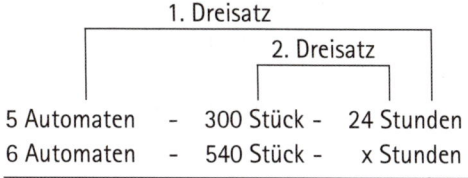

Im ersten Schritt berechnen wir, wie viele Stunden 6 Automaten für das gleiche Pensum benötigen, das 5 Automaten in 24 Stunden bewältigen.

1. Dreisatz

5 Automaten - 24 Stunden - (300 Teile)

6 Automaten - x Stunden - (300 Teile)

$$x = \frac{5 \times 24}{6} = 20 \text{ Stunden}$$

Im zweiten Schritt berechnen wir, wie viele Stunden 6 Automaten für 540 Teile benötigen.

2. Dreisatz

300 Teile - 20 Stunden

540 Teile - x Stunden

$$x = \frac{540 \times 20}{300} = 36 \text{ Stunden}$$

6 Automaten benötigen zur Herstellung von 540 Teilen also 36 Stunden.

Es spielt dabei natürlich keine Rolle, in welcher Reihenfolge Sie die Dreisätze auflösen. Sie können ebenso zunächst berechnen, wie viele Stunden 5 Automaten für 540 Teile benötigen, um dann im zweiten Schritt zu ermitteln, wie lange 6 Automaten für das gleiche Pensum brauchen.

Währungsrechnen

Wenn Sie es mit Auslandsgeschäften, Geldanlagen, Investitionen in anderen Ländern oder einfach Auslandsreisen zu tun haben, dann müssen Sie mit fremden Währungen rechnen. Trotz Euro und Währungsunion bleibt das Währungsrechnen wichtig, weil die Globalisierung fortschreitet.

Umrechnung von Wechselkursen

Euro in ausländische Währung

Sie wollen eine Reise nach New York unternehmen. Vor Reiseantritt wechseln Sie deshalb bei Ihrer Bank 2.300 € in Dollar um (1 € = 1,35 US $).

Wenn Sie einen Euro-Betrag in eine andere Währung umrechnen, dann können Sie die Dreisatzrechnung mit geradem Verhältnis (Kapitel Dreisatz, Seite 8) anwenden.

Zwischen der Höhe des Euro-Betrages und des Dollar-Betrages besteht ein direktes Verhältnis.

- Aussagesatz (Kurs)   1 € = 1,35 $
- Fragesatz   2.300 € = x $

- Bruchsatz $x = \dfrac{2.300 \times 1,35}{1} = 3.105 \$$

> *Sorten* sind ausländisches Bargeld, ausländische Banknoten und Münzen.
> *Devisen* sind Buchgeld in Fremdwährungen:
> – ausländische Geldforderungen
> – ausländische Schecks
> – ausländische Wechsel

Ausländische Währungen in Euro

Nach Ihrer Rückkehr aus New York verfügen Sie noch über 452 $, die Sie bei Ihrer Bank zu 1 € = 1,37 $ zurücktauschen in €.

- Aussagesatz (Kurs)   1,37 $ = 1 €
- Fragesatz   452 $ = x €

- Bruchsatz $x = \dfrac{452 \times 1}{1,37} = 329,92 \text{ €}$

- Ergebnis: Sie haben also noch 329,92 € von Ihrer Reise übrig.

Ankaufskurse und Verkaufskurse der Banken

Banken kaufen und verkaufen an Nichtbanken ausländische Zahlungsmittel. Dabei müssen Sie zwischen den Ankaufskursen und den Verkaufskursen unterscheiden.

Es gibt dafür zwei Fachausdrücke:

1 **Geldkurs** = Ankaufskurs der Bank
2 **Briefkurs** = Verkaufskurs der Bank

Die Banken verdienen an der Spanne zwischen Geld- und Briefkurs.

Devisenbörsen und Devisenkurse

Der internationale Handel und grenzüberschreitende Kapitalbewegungen sind die Grundlage für den Devisenhandel. Die **Devisenbörse** ist der institutionalisierte Markt für Devisen. Nur Banken dürfen am Devisenmarkt teilnehmen.

Die **Devisenkurse** werden durch Angebot und Nachfrage bestimmt. Amtlich bestellte Kursmakler stellen täglich an den Devisenbörsen für die gängigen Währungen die Devisenkurse offiziell fest. Die am Devisenhandel teilnehmenden Banken rechnen untereinander zum sogenannten Mittelkurs ab.

Devisenkurse zum Euro (1 Euro entspricht)

1.12.2010				
Land	Währung		Geld Ankaufs- kurs	Brief Verkaufs- kurs
Großbritannien	Brit. Pfund	GBP	0,8397	0,8402
Japan	Jap. Yen	JPY	110,000	110,130
Schweiz	Schw. Franken	CHF	1,3158	1,3198
USA	US-Dollar	USD	1,3077	1,3137

Die amtlichen Geldkurse und die amtlichen Briefkurse der verschiedenen Währungen weichen nur wenig vom amtlichen Euro-Mittelkurs ab. Die Geld- und Briefkurse der unterschiedlichen Währungen haben einen festen Abstand zum offiziellen Mittelkurs.

Für den Euro wird die **Mengennotierung** angewandt, was bedeutet, dass die Menge der ausländischen Währung auf 1 Einheit der inländischen Währung bezogen wird.

Bei einer Aufwertung des Euros, also einem höheren Preis für 1 Euro, braucht man für den Kauf eines Euros mehr ausländische Währungen. Abwertung bedeutet folglich, dass für 1 Euro weniger Fremdwährung benötigt wird.

Banken im Devisen- und Sortengeschäft

Die Banken vermitteln den Kunden in ihren **Devisenabteilungen** Angebot und Nachfrage von Devisen und Sorten. Die Spanne zwischen Sortenkauf und -verkauf ist deutlich größer als die zwischen Devisenkauf und -verkauf.

Beispiel

Devisenkurs am 1.12.2010

(Devisenkurs für 1 €)

1 €	Verkauf (Brief)	1,3137 $
1 €	Kauf (Geld)	1,3077 $
Spanne		0,0060 $

Sortenkurs am 1.12.2010

(Banknotenpreise für 1 € durch die Bank)

1 €	Verkauf	1,35 $
1 €	Kauf	1,26 $
Spanne		0,09 $

Banken verlangen bei Devisengeschäften:
- Maklergebühr, 1/4 Promille vom Kurswert für an der Börse gehandelte Devisen
- Bankprovision als Aufwandsentschädigung der Bank, 3/4 Promille des Kurswertes
- Abwicklungsgebühr für kleinere Aufträge.

Devisenkassamarkt und Devisenterminmarkt

Am **Devisenkassamarkt** erfolgen Lieferung und Zahlung unmittelbar nach Abschluss des Geschäftes. Bei einem **Devisentermingeschäft** erfolgt aber die Lieferung zu einem vereinbarten späteren Zeitpunkt, während der Kurs bereits jetzt vereinbart wird.

Am **Devisenterminmarkt** können mit Einschränkungen die sich ergebenden **Kursrisiken (Währungsrisiken)** ausgeschaltet werden.

Wenn Sie als Importeur Ihre Zahlungen in Auslandswährung zu leisten haben, dann kann es sinnvoll sein, dass Sie Termindevisen kaufen. Anbieter von Termindevisen sind inländische Exporteure, die künftige Einnahmen erhalten.

Kassa- und Terminkurse

Der professionelle Devisenhandel notiert die Terminkurse (Terminpreise) nicht wie die Kassakurse. Terminpreise werden als Auf- oder Abschläge zum Kassakurs angegeben. Die Differenz wird auch als „Swapsatz" bezeichnet.

Kassakurs
- Abschlag (bzw. + Aufschlag)
= Terminkurs

Dollar und Euro

Dollar, Euro und Yen sind die wichtigsten Währungen. Die US-Notenbank orientiert sich in ihrer Geldpolitik hauptsächlich nach den binnenwirtschaftlichen Faktoren Wirtschaftswachstum und Inflation. Der Außenhandel spielt in den USA eine vergleichsweise geringe Rolle. Dollaranstieg und Dollarschwäche werden maßgebend von der Entwicklung in Europa und in Asien bestimmt.

Durchschnitts- und Verteilungsrechnen

Durchschnittswerte sind in der kaufmännischen Praxis und im täglichen Leben gebräuchlich: Durchschnittsgeschwindigkeit eines Pkws, Durchschnittspreis, durchschnittlicher Lagerbestand oder durchschnittliche Lebenserwartung. Bei der Verteilungsrechnung wird ein Geldbetrag auf mehrere Personen aufgeteilt oder Kosten werden auf Kostenstellen umgelegt.

Durchschnittsrechnung

Sie können den einfachen Durchschnitt (ungewogenes arithmetisches Mittel) aus den Zahlen 2, 3, 5, 7 und 8 leicht ermitteln, indem Sie die einzelnen Werte addieren und die Summe durch die Anzahl der Posten dividieren.

$$x = \frac{2+3+5+7+8}{5} = \frac{25}{5} = 5$$

Die Formel für das ungewogene arithmetische Mittel, den einfachen Durchschnitt, lautet:

$$\text{einfacher Durchschnitt} = \frac{\text{Summe der Einzelwerte}}{\text{Anzahl der Posten}}$$

Beispiel

Der Lagerbestand eines Händlers betrug im 1. Quartal 350 Stück, im 2. Quartal 408 Stück, im 3. Quartal 526 Stück und im 4. Quartal 652 Stück. Wie hoch ist der durchschnittliche Lagerbestand im Geschäftsjahr?

$$x = \frac{350 + 408 + 526 + 652}{4} = 484 \text{ Stück}$$

Jeder Wert wird beim Durchschnittswert erfasst, auch extreme Werte und Zufälligkeiten. Jede Änderung von Merkmalswerten hat Auswirkungen auf den Durchschnittswert.

Beim gewogenen Durchschnitt (gewogenes arithmetisches Mittel) wird bei den einzelnen Größen auch die Menge bzw. das Gewicht berücksichtigt.

Die Formel für das gewogene arithmetische Mittel, den gewogenen Durchschnitt, lautet:

$$\text{gewogener Durchschnitt} = \frac{\text{gewogene Summe der Einzelwerte}}{\text{gewogene Anzahl der Posten}}$$

Beispiel

Drei Sorten Röstkaffee werden zu einer Durchschnittssorte gemischt: Sorte I 17 kg zu 9,80 € je kg, Sorte II 9 kg zu 12,40 € je kg, Sorte III 24 kg zu 8,20 € je kg.
Wie viel kostet 1 kg der Mischung?

Sorte I	17 kg zu 9,80 € je kg	166,60 €
Sorte II	9 kg zu 12,40 € je kg	111,60 €
Sorte III	24 kg zu 8,20 € je kg	196,80 €
	50 kg Mischung kosten	475,00 €
	1 kg Mischung kostet	9,50 €

Verteilungsrechnung

Bei der Verteilungsrechnung wird eine Gesamtsumme nach einem bestimmten Verteilungsschlüssel auf Einzelpositionen verteilt (z. B. Kosten, Spesen, Prämien, Gewinne). Frachtkosten lassen sich beispielsweise nach den Verteilungsschlüsseln Gewicht oder Wert auf die einzelnen Erzeugnisse umlegen, je nach ihrem Anteil. Verkaufsprämien können nach der Höhe der erzielten Umsätze auf die einzelnen Verkäufer verteilt werden.

Beispiel

Die Frachtkosten für eine Warensendung von 350 kg und einem Wert von 1.220 € betragen 110 €. Die Ware I umfasst 200 kg und hat einen Wert von 640 €, Ware II mit 150 kg hat einen Wert von 580 €. Die angefallenen Frachtkosten sind nach dem Gewicht auf Ware I und Ware II zu verteilen.

Ware I	200 kg	20 Teile bzw. 4 Teile	62,86 €
Ware II	150 kg	15 Teile bzw. 3 Teile	47,14 €
	350 kg	35 Teile bzw. 7 Teile	110,00 €
		1 Teil	15,714 €

Die Kostenumlage nach bestimmten Verteilungsschlüsseln (z. B. qm) auf einzelne Kostenstellen und die Gewinnverteilung bei der OHG und der KG sind weitere Anwendungsgebiete für die Verteilungsrechnung.

Prozentrechnen

Prozente (lat.: *pro centum* – für Hundert) gehören zu den Grundlagen des kaufmännischen Rechnens. Viele Berechnungen im Alltag und in der betrieblichen Praxis sind ohne die Prozentrechnung nicht durchführbar. Sei es die eigene Gehaltserhöhung, ein Rabatt im Einkauf, eine Umsatzzunahme im Verkauf, der Ausschuss in der Fertigung - immer werden die Angaben erst durch Prozentangaben vergleichbar und damit aussagefähig.

Prozentrechnung und Promillerechnung

Die Prozentrechnung ist eine Vergleichsrechnung, die Zahlenangaben werden auf den Vergleichsmaßstab 100 bezogen und in Prozent angegeben.

Wird die Vergleichszahl 1.000 genommen, dann spricht man von **Promillerechnung**. Promille (*pro mille* = von Tausend) ist gegenüber Prozent die kleinere Einheit und wird ‰ geschrieben, 1 ‰ = 0,1 %. Sie wird oft gewählt, wenn die Prozentsätze kleiner als 1 sind.

Prozentrechnung als Bruchrechnung

Sie ist eine angewandte Bruchrechnung, wobei aber mit Dezimalbrüchen gerechnet wird. Die Zahlungsbedingung 2 % Skonto bedeutet einen Bruchteil von 2 % = 2/100 = 0,02 des Rechnungsbetrages. Sie erhalten 2 %, wenn Sie den Rechnungsbetrag mit 0,02 multiplizieren. Den errechneten Betrag können Sie abziehen, wenn Sie innerhalb der Skontofrist zahlen.

Begriffe der Prozentrechnung

Wenn Sie Waren im Wert von 700 € netto zuzüglich 19 % Umsatzsteuer kaufen, dann beträgt die Umsatzsteuer 133 €.

Warenwert	Umsatzsteuersatz	Umsatzsteuer
700 €	19 %	133 €
Grundwert	Prozentsatz	Prozentwert

Die Prozentrechnung verwendet diese Begriffe:

- Grundwert (G) — Wert, der mit 100 % gleichgesetzt wird. Prozentsatz bezieht sich auf ihn.
- Prozentsatz (p) — Teil der Vergleichszahl 100, z. B. 7 %.
- Prozentwert (W) — Teil des Grundwertes, der mit Angabe des Prozentsatzes ermittelt wird.

Berechnung des Prozentwertes

Es wird bei vorgegebenem Grundwert und Prozentsatz der Prozentwert ermittelt.

Beispiel

Von einem Rechnungsbetrag von 700 € können 3 % Skonto abgezogen werden.

100 %	=	700 € (Grundwert G)
1 %	=	7 €
3 %	=	21 € (Prozentwert W)

Formel zum **Prozentwert**

$$\text{Prozentwert} = \frac{\text{Grundwert} \times \text{Prozentsatz}}{100} \qquad W = \frac{G \times p}{100}$$

Der Promillewert wird entsprechend ermittelt, wobei aber anstelle von 100 der Wert 1000 einzusetzen ist.

Berechnung des Prozentsatzes

Der Prozentsatz ist bei vorgegebenem Grundwert und Prozentwert gesucht.

Beispiel

Ein Unternehmen erhält auf den Rechnungsbetrag von 12.800 € einen Rabatt von 320 €. Wie hoch ist der Prozentsatz?

100 %	=	12.800 € (Grundwert G)
1 %	=	128 €
320 €	:	128 € = 2,5 % (Prozentsatz p)

Formel zum **Prozentsatz**

$$\text{Prozentsatz} = \frac{\text{Prozentwert} \times 100}{\text{Grundwert}} \qquad p = \frac{W \times 100}{G}$$

Berechnung des Grundwertes

Der Grundwert ist bei vorgegebenem Prozentwert und Prozentsatz gesucht.

Beispiel

 Ein Vertreter erhält 5 % Povision = 7.600 €. Wie hoch war sein Umsatz?

5 %	=	7.600 € (Prozentwert W)
1 %	=	1.520 €
100 %	=	152.000 € (Grundwert G)

Formel zum **Grundwert**

$$\text{Grundwert} = \frac{\text{Prozentwert} \times 100}{\text{Prozentsatz}} \qquad G = \frac{W \times 100}{p}$$

Prozentrechnung vom vermehrten Grundwert

Die Prozentrechnung wird oft angewandt, um die Entwicklung von zwei oder mehr Werten miteinander zu vergleichen. Angenommen, Ihre Firma erreicht im ersten Geschäftsjahr einen Umsatz von 400.000 €, im zweiten von 500.000 € und im dritten von wieder 400.000 €.

Wenn Sie die Umsatzentwicklung nur nach dem jeweils letzten Wert ermitteln, dann haben Sie im zweiten Jahr eine Zunahme von 25 % und im dritten eine Abnahme von 20 %. Wie kommt es, dass die Abnahme geringer ausfällt als die Zunahme – obwohl sich doch vom ersten zum dritten Jahr nichts geändert hat? Es liegt daran, dass sich die Bezugsgröße geändert hat. Einmal werden die 100.000 € auf 400.000 € und einmal auf 500.000 € bezogen. Prozentual wirkt sich deshalb die Zunahme stärker als die Abnahme aus.

Der **vermehrte Grundwert** ist stets größer als der (reine) Grundwert.

> Reiner Grundwert + Prozentsatz = vermehrter Grundwert

> Grundwert
> 100 %
> von Hundert

> Grundwert
> 100 % + 50 % = 150 %
> vermehrter Grundwert auf Hundert

Der vermehrte Grundwert bildet den Ausgangspunkt für die Berechnung des Grundwertes.

Beispiel

Der Umsatz eines Unternehmens stieg im laufenden Jahr um 10 % auf 6.600.000 €. Wie hoch war der Umsatz im Vorjahr?

110 %	=	6.600.000 € (Prozentwert W)
1 %	=	60.000 €
100 %	=	6.000.000 € (Grundwert G)

Formel zum **reinen Grundwert**

$$\text{Reiner Grundwert} = \frac{\text{vermehrter Grundwert} \times 100}{100 + \text{Prozentsatz}}$$

Prozentrechnung vom verminderten Grundwert

Der **verminderte Grundwert** ist stets kleiner als der (reine) Grundwert.

Beispiel

Eine Ware wird mit einem Nachlass von 15 % zum Sonderpreis von 272 € verkauft. Wie hoch war der Verkaufspreis vor der Preissenkung?

85 %	=	272,00 € (Prozentwert W)
1 %	=	3,20 €
100 %	=	320,00 € (Grundwert G)

Formel zum **reinen Grundwert**

$$\text{Reiner Grundwert} = \frac{\text{verminderter Grundwert} \times 100}{100 - \text{Prozentsatz}}$$

Zinsrechnen

Das Rechnen mit Zinsen hat im Wirtschaftsleben große Bedeutung. Banken vergüten Ihnen Zinsen, wenn Sie Geld anlegen oder berechnen Zinsen, wenn Sie einen Kredit beanspruchen. Sind Sie Kunde eines Unternehmens und zahlen zu spät, dann sind Verzugszinsen fällig. Sie sind deshalb gut beraten, wenn Sie die Ihnen berechneten Zinsen selbst nachrechnen können.

Die **Zinsrechnung** ist eine Weiterentwicklung der Prozentrechnung (Kapitel Prozentrechnen, Seite 21). Als neuer Faktor kommt die Zeit hinzu. Sie kann in Jahren (i), Monaten (m) oder in Tagen (t) angegeben werden.

Prozentrechnung	Zinsrechnung
Grundwert	**Kapital (K)**
Prozentsatz	**Zinssatz (p)**
Prozentwert	**Zinsen (Z)**
	Zeit (i, m, t)

Berechnen der Zinsen

Zinsen sind der Preis für die Überlassung von Kapital für eine bestimmte Zeit. Die Höhe der Zinsen ist von der Summe des überlassenen Kapitals, dem Zinssatz (Zinsfuß) und der Laufzeit abhängig.

Der Zinssatz bezieht sich gewöhnlich auf ein Jahr. Die Berechnung der Jahres-, Monats- und Tageszinsen erfolgt mit Formeln.

Jahreszinsen

$$\text{Zinsen} = \frac{\text{Kapital} \times \text{Zinssatz} \times \text{Jahre}}{100} \qquad Z = \frac{K \times p \times i}{100}$$

Beispiel

 Darlehen 50.000 €, Zinssatz 7 %, Dauer 3 Jahre.

$$Z = \frac{50.000 \times 7 \times 3}{100} = 10.500 \text{ €}$$

Monatszinsen

$$\text{Zinsen} = \frac{\text{Kapital} \times \text{Zinssatz} \times \text{Monate}}{100 \times 12} \qquad Z = \frac{K \times p \times m}{100 \times 12}$$

Beispiel

 Ein Bankkunde legt 35.000 € für die Zeit vom 10.05. bis zum 10.08. als Termingeld zu 5 % an. Wie hoch ist die Zinsgutschrift nach 3 Monaten?

$$Z = \frac{35.000 \times 5 \times 3}{100 \times 12} = 437,50 \text{ €}$$

Tageszinsen

$$\text{Zinsen} = \frac{\text{Kapital} \times \text{Zinssatz} \times \text{Tage}}{100 \times 360} \qquad Z = \frac{K \times p \times t}{100 \times 360}$$

Beispiel

Beispiel Darlehen 50.000 €, Zinssatz 7 %, 252 Tage

$$Z = \frac{50.000 \times 7 \times 252}{100 \times 360} = 2.450 \text{ €}$$

Berechnung der Tage in der Zinsrechnung

Bei der **Tageberechnung** in der Zinsrechnung in Deutschland ist zu unterscheiden:

- **Privatpersonen** und Behörden rechnen das Jahr mit 365 Tagen und die Monate nach der genauen Tageszahl.
- **Kaufleute** rechnen das Jahr mit 360 Tagen und jeden Monat mit 30 Tagen. Der 31. eines Monats wird nicht gerechnet, aber auch der Februar hat als Zinsmonat 30 Tage.

Berechnung der Zinstage im Ausland

Die Tageberechnung in der Zinsrechnung wird in einigen Ländern wie in Deutschland praktiziert, andere Länder kennen andere Berechnungsarten.

- Die **deutsche** Berechnungsart mit 360 Tagen im Jahr und 30 Tagen im Monat wird in der Schweiz, Dänemark, Schweden, Norwegen und Russland angewendet.

- Die **französische** Berechnungsart nimmt das Jahr mit 360 Tagen an und rechnet jeden Monat genau. Frankreich, Belgien, Niederlande, Italien, Spanien und Österreich gehen so vor.

$$\text{Tageszinsen} = \frac{\text{Kapital x Zinssatz x Tage (genau)}}{100 \times 360}$$

- Die **englische** Berechnungsart setzt das Jahr mit 365 Tagen und jeden Monat genau an. Großbritannien und die USA wenden diese Berechnungsart an.

Eurozinsmethode

Seit 1994 wenden die Deutsche Bundesbank und die Geschäftsbanken die Eurozinsmethode an, die der französischen Zinsberechnung entspricht.

- Das Jahr wird mit 360 Tagen angesetzt, die Monate werden taggenau gerechnet.

- Januar, März, Mai, Juli, August, Oktober und Dezember werden mit 31 Zinstagen gerechnet.

- April, Juni, September und November werden mit 30 Tagen angesetzt.

- Der Februar hat 28 Zinstage, im Schaltjahr 29.

- Wenn der Fälligkeitstag auf einen Samstag, Sonntag oder Feiertag fällt, dann werden die Zinsen bis zum nächsten Werktag gerechnet.

Auch bei der Eurozinsmethode wird der 1. Tag des Zeitraumes nicht mitgezählt – aber der letzte Kalendertag ist ein voller Zinstag.

Berechnung der Zinstage:
- Die Tage im ersten Zinsmonat können als Differenz ermittelt werden.
- Die Tage der folgenden ganzen Zinsmonate können nach dem Kalender berechnet werden.
- Die Tage des letzten Zinsmonats werden genau festgestellt.

Beispiele

11.01. bis 31.01. = 20 Tage	30.04. bis 31.05. = 31 Tage
02.02. bis 15.03. = 41 Tage	31.05. bis 30.08. = 91 Tage
15.03. bis 10.04. = 26 Tage	

Berechnen von Kapital, Zinssatz und Zeit

Die allgemeine Zinsformel können Sie umformen und Kapital, Zinssatz und Zeit berechnen.

Allgemeine Zinsformel

$$\text{Zinsen} = \frac{\text{Kapital} \times \text{Zinssatz} \times \text{Tage}}{100 \times 360} \qquad Z = \frac{K \times p \times t}{100 \times 360}$$

Auflösung der allgemeinen Zinsformel nach dem Kapital

$$\text{Kapital} = \frac{\text{Zinsen} \times 100 \times 360}{\text{Zinssatz} \times \text{Tage}} \qquad K = \frac{Z \times 100 \times 360}{p \times t}$$

Beispiel

Welches Kapital erbringt bei einer Verzinsung von 6 % nach 30 Tagen 1.500 €?

$$K = \frac{1.500 \times 100 \times 360}{6 \times 30} = 300.000 \text{ €}$$

Auflösung nach dem Zinssatz

$$\text{Zinssatz} = \frac{\text{Zinsen} \times 100 \times 360}{\text{Kapital} \times \text{Tage}} \qquad p = \frac{Z \times 100 \times 360}{K \times t}$$

Beispiel

Ein Kapital über 100.000 € brachte nach 90 Tagen 1.250 € Zinsen. Zu welchem Zinssatz war es angelegt?

$$p = \frac{1.250 \times 100 \times 360}{100.000 \times 90} = 5 \text{ %}$$

Auflösung nach den Tagen

$$\text{Tage} = \frac{\text{Zinsen} \times 100 \times 360}{\text{Kapital} \times \text{Zinssatz}} \qquad t = \frac{Z \times 100 \times 360}{K \times p}$$

Beispiel

 Ein Bankkunde hat bei seiner Hausbank ein Darlehen über 120.000 € in Anspruch genommen. Die Bank berechnet 5.400 € Zinsen bei einem Zinssatz von 11 %. Vor wie viel Tagen wurde das Darlehen aufgenommen?

$$t = \frac{5.400 \times 100 \times 360}{120.000 \times 11} = 147{,}27 = 147 \text{ Tage}$$

Kaufmännische Zinsformel

Die Kaufmännische Zinsformel wird aus der allgemeinen Zinsformel abgeleitet.

Allgemeine Zinsformel

$$\text{Zinsen} = \frac{\text{Kapital} \times \text{Zinssatz} \times \text{Tage}}{100 \times 360} \qquad Z = \frac{K \times p \times t}{100 \times 360}$$

Die allgemeine Zinsformel kann auch in der folgenden Form geschrieben werden:

$$Z = \frac{K \times t}{100} \times \frac{p}{360} \qquad Z = \frac{K \times t}{100} : \frac{360}{p}$$

Das Produkt $\frac{K \times t}{100}$ kann auch als $\frac{K}{100} \times t$ geschrieben werden und ist die **Zinszahl**.

Der Quotient $\frac{360}{p}$ heißt **Zinsteiler** oder **Zinsdivisor**.

$$Z = \frac{\frac{K \times t}{100}}{\frac{360}{p}} = \frac{\text{Zinszahl}}{\text{Zinsdivisor}}$$

Die allgemeine Zinsformel wird zur kaufmännischen Zinsformel – im Zähler des Bruches steht die Zinszahl und im Nenner der Zinsdivisor.

Kaufmännische Zinsformel

$$\text{Zinsen} = \frac{\text{Zinszahl}}{\text{Zinsdivisor}}$$

Beispiel

Kapital 70.000 €, 8 % Zinssatz, 310 Tage.

$$Z = \frac{\text{Zinszahl}}{\text{Zinsdivisor}} = \frac{700 \times 310}{\frac{360}{8}} = 4.822,22 \text{ €}$$

Summarische Zinsrechnung

Die Abrechnung mehrerer unterschiedlicher Beträge zum gleichen Zinssatz ist Gegenstand der summarischen Zinsrechnung. Die Zinszahlen der einzelnen Beträge werden addiert und durch den gemeinsamen Zinsdivisor geteilt.

$$\text{Zinsen} = \frac{\text{Summe der Zinszahlen}}{\text{Zinsdivisor}}$$

Beispiel

Ein Industrieunternehmen hat gegen einen Kunden drei Einzelforderungen: 60.000 €, fällig am 19.08., 8.000 €, fällig am 03.10., 25.000 €, fällig am 10.11. Wie hoch ist die Gesamtforderung am 19.11. einschließlich 9 % Verzugszinsen?

Wie müssen Sie vorgehen?

			19.11.
Beträge	Verfall	Tage	Zinszahlen
60.000,00 €	19.08	92	55.200
8.000,00 €	03.10	47	3.760
25.000,00 €	10.11	9	2.250
93.000,00 €			61.210 : 40 = 1.530,25
1.530,25 €	9 % Verzugszinsen		
94.530,25 €	Gesamtforderung		

1 Beträge und Verfallzeiten eintragen.

2 Zinstage ermitteln nach der Eurozinsmethode.

3 Zinszahlen berechnen (1 % des Kapitals x Tage).

4 Die Summe der Zinszahlen ist durch den Zinsdivisor zu teilen (360/p). Bei 9 % ergibt sich der Zinsdivisor aus 360/9 = 40.

$$\text{Verzugszinsen} = \frac{61.210}{40} = 1.530,25$$

5 Die Gesamtforderung ergibt sich aus der Addition der Einzelforderungen plus Verzugszinsen.

Zinseszinsrechnen

Bei der Zinseszinsrechnung werden das Kapital und die gutgeschriebenen Zinsen verzinst.

Beispiel

 Ein Kapital von 10.000 € wird für drei Jahre zu 6 % verzinst, wobei die gutgeschriebenen Zinsen ebenfalls verzinst werden.

Jahresanfang 1. Jahr	10.000,00 €
+ Zinsen 6 %	600,00 €
Jahresanfang 2. Jahr	10.600,00 €
+ Zinsen 6 %	636,00 €
Jahresanfang 2. Jahr	11.236,00 €
+ Zinsen 6 %	674,16 €
Kapital Ende 3. Jahr	11.910,16 €

Die Berechnung des Endwerts eines Kapitals wird als **Aufzinsung** bezeichnet. Der **Aufzinsungsfaktor** für einen bestimmten Zinssatz p wird als $q = \left(1 + \dfrac{p}{100}\right)$ dargestellt.

K_o ist das Anfangskapital, n die Laufzeit in Jahren, K_n ist das Endkapital.

Zinseszinsformel

$$K_n = K_0 \times \left(1 + \frac{p}{100}\right)^n$$

Sie können das letzte Beispiel auch mit der Zinseszinsformel berechnen.

$$K = 10.000 \left(1 + \frac{6}{100}\right)^3$$

$$K = 10.000 \times 1{,}06^3 = 10.000 \times 1{,}191016 = 11.910{,}16 \text{ €}$$

Das Gegenstück zur Aufzinsung ist die **Abzinsung**. In diesem Fall ist der Kapitalwert Kn nach n Jahren bekannt. Man will aber den entsprechenden abgezinsten Wert, den **Barwert**, kennen.

Die Berechnung des Barwerts, die man als Diskontierung bezeichnet, zinst K_n um die betreffenden Jahre ab. Der Abzinsungsfaktor ist der Kehrwert des Aufzinsungsfaktors.

Beispiel

Wie groß ist der Barwert eines Kapitals, das in 4 Jahren bei einem Zinsfuß von 6 % auf 17.000 € wächst?

$$K_0 = 17.000 \times \frac{1}{(1 + 0,06)^4}$$

$$K = 17.000 \times \frac{1}{1,262476} = 13.465,59 \text{ €}$$

Sie brauchen die Aufzinsungs- oder Zinseszinsfaktoren nicht selbst berechnen, Sie können diese direkt in Zinseszinstabellen ablesen. Eine solche Zinseszinstabelle finden Sie zum Beispiel im Buch „Kaufmännisches Rechnen von A–Z, Formeln, Rechenbeispiele und Tipps für die Praxis" aus dem Haufe Verlag.

Mehr Transparenz durch Effektivzinssatzangabe

Banken, Sparkassen und Versicherungen sind durch die **Preisangabenverordnung** zur Angabe des Effektivzinses verpflichtet – tun es also nicht aus reiner Kundenfreundlichkeit. Dem Verbraucher wird so die Möglichkeit gegeben, Preisvergleiche bei Kreditangeboten oder Wertpapieranlagen durchzuführen. Der Effektivzins hat zu mehr Transparenz geführt.

Effektivzins

Für Sie ist nicht der Nominalzinssatz, sondern der Effektivzinssatz entscheidend, denn nur er sagt Ihnen, wie viel ein Kredit tatsächlich kostet oder eine Kapitalanlage erwirtschaftet. Der Effektivzinssatz berücksichtigt alle anfallenden Kosten und Gebühren und ist damit genauer als der Nominalzinssatz. Seit 1985 wird der Ausweis des effektiven Jahreszinssatzes bei Kreditangeboten vom Gesetzgeber verlangt.

Kreditangebote

Der Effektivzinssatz erfasst unter Zugrundelegung der Laufzeit des Kredits:

- ausgezahlte Summe
- nominaler Zinssatz
- Vermittlungskosten
- anfallende Kosten, z. B. Bearbeitungsgebühr
- Tilgungsleistungen

Der Effektivzinssatz berücksichtigt insbesondere das **Disagio**, die Differenz zwischen vereinbarter Kreditsumme und tatsächlich ausgezahltem Betrag. Der Effektivzinssatz ist damit in der Regel höher als der Nominalzinssatz.

Beispiel: Effektivzinssatz von Kreditangeboten

Eine Bank macht einem Kunden zwei Kreditangebote.

Darlehen 200.000 €

Kreditangebot A:	Kreditangebot B:
Nominalzins 9 %	Nominalzins 8,5 %
Auszahlungsbetrag 98 %	Auszahlungsbetrag 97,5 %
	Bearbeitungsgebühr 0,25 %

Laufzeit 4 Jahre

Welches Angebot hat den niedrigeren Effektivzinssatz?

Kreditangebot A:

Das Disagio beträgt 2 % von 200.000 € = 4.000 €.
Zins und anteiliges Disagio für 1 Jahr

Zins = 9 % von 200.000€	18.000 €
Disagio = 4.000 € : 4	1.000 €
zusammen	19.000 €
Auszahlungsbetrag 98 % =	196.000 €

$$p = \frac{Z \times 100 \times 360}{K \times t} = \frac{19.000 \times 100 \times 360}{196.000 \times 360} = 9,69\,\%$$

Kreditangebot B:

Das Disagio beträgt 2,5 % von 200.000 € = 5.000 €,
die Bearbeitungsgebühr 0,25 % = 500 €.
Bezugsbasis 1 Jahr

Zins = 8,5 % von 200.000 €	17.000 €
Disagio = 5.000 € : 4	1.250 €
Bearbeitungsgebühr 500 : 4	125 €
zusammen	18.375 €
Auszahlungsbetrag 97,5 % =	195.000 €

$$p = \frac{Z \times 100 \times 360}{K \times t} = \frac{18.375 \times 100 \times 360}{195.000 \times 360} = 9,42\,\%$$

Fazit: Angebot B ist günstiger.

Sie können den Effektivzins bei Disagio auch mit der **Formel** ermitteln:

$$\text{Effektivzins} = \frac{\text{Nominalzins} \times \text{Nennbetrag}}{\text{Auszahlungsbetrag}} + \frac{\text{Disagio}}{\text{Laufzeit}}$$

Beispiel: Effektivzinssatz mit der Formel

Nennbetrag	10.000 €
Nominalzins	7 %
Auszahlungsbetrag	97 %
Laufzeit	5 Jahre

$$\text{Effektivzins} = \frac{7 \times 10.000}{9.700} + \frac{3}{5} = 7,8\,\%$$

Der Effektivzins ist für Sie auch dann wichtig, wenn Sie prüfen, ob für Sie der **Lieferantenkredit** oder ein **Bankkredit mit Skontoabzug** sinnvoll ist. Sie können das rechnerisch genau belegen, wie das folgende Beispiel zeigt.

Beispiel: Lieferantenkredit oder Bankkredit?

Ein Händler kann den Kauf von Waren durch einen Lieferantenkredit und einen Bankkredit finanzieren.

Rechnungsbetrag	199.000 €
Rechnungsdatum	10.07.
Zahlungsziel	30 Tage
Stundung des Kaufpreises bis zum 10.12.	

Lieferantenkredit:
Verzugszinsen 9 %, Bearbeitungsgebühr 1 %

Bankkredit:
Fälligkeitsdarlehen 200.000 €, Auszahlung 99,5 %, Zinssatz 10 %

a) Welches Finanzierungsangebot ist günstiger?

Zahlungsziel 1 Monat	Kreditzeitraum 4 Monate

10.07.   10.08.   120 Tage   10.12.

Lieferantenkredit

Rechnungsbetrag	199.000 €
+ Verzugszinsen	5.970 €
+ Bearbeitungsgebühr	1.990 €
= insgesamt	206.960 €

$$Z = \frac{K \times p \times t}{100 \times 360} = \frac{199.000 \times 9 \times 120}{100 \times 360} = 5.970 \text{ €}$$

Bankkredit

Darlehen über 200.000 €

Auszahlungsbetrag	199.000,00 €
+ Disagio	1.000,00 €
+ Zinsen	6.666,67 €
= insgesamt	206.666,67 €

$$Z = \frac{K \times p \times t}{100 \times 360} = \frac{200.000 \times 10 \times 120}{100 \times 360} = 6.666,67 \text{ €}$$

Kostenvergleich Lieferanten- und Bankkredit

Lieferantenkredit	206.960,00 €
– Bankkredit	206.666,67 €
= insgesamt	293,33 €

Fazit: Der Bankkredit ist günstiger.

b) Wie hoch ist der Effektivzinssatz in beiden Fällen?

Lieferantenkredit

$$p = \frac{Z \times 100 \times 360}{K \times t}$$

Z = Zinsen + Bearbeitungsgebühr
Z = 5.970 + 1.990 = 7.960 €

$$p = \frac{7.960 \times 100 \times 360}{199.000 \times 120} = 12\ \%$$

Bankkredit

$$p = \frac{Z \times 100 \times 360}{K \times t}$$

Z = Zinsen + Disagio
Z = 6.666,67 + 1.000 = 7.666,67 €

$$p = \frac{7.666,67 \times 100 \times 360}{199.000 \times 120} = 11,56\ \%$$

Anfänglich effektiver Jahreszins

Kreditinstitute berechnen bei Darlehen mit Laufzeiten von 20 bis 30 Jahren den Nominalzins und das Disagio nur für einen bestimmten Zeitraum, z. B. 5 oder 10 Jahre. Man spricht dann vom anfänglich effektiven Jahreszins. Der Kredit mit dem niedrigsten anfänglichen effektiven Jahreszins muss dann nicht zwangsläufig der günstigste Kredit sein.

Beim Vergleich der Kreditangebote sollten Sie darauf achten, ob der Effektivzins außer dem Disagio auch die Bearbeitungsgebühr enthält. Banken können nämlich das Disagio senken und dafür die Bearbeitungsgebühr erhöhen.

Möglich ist, dass das Disagio bei einer Zinsfestschreibungsfrist von 5 oder 10 Jahren verrechnet wird und die Bearbeitungsgebühr auf die Gesamtlaufzeit des Kredits verteilt wird. Je höher der Gebührenanteil ausfällt, umso niedriger wird der Effektivzinssatz bei unveränderter Restschuld. Der Bankkredit mit dem anfänglich niedrigsten Jahreszins braucht dann nicht unbedingt die vorteilhafteste Lösung sein.

Auswirkungen auf den Effektivzins hat es aber auch, ob Zinsen und Tilgung monatlich oder vierteljährlich zu entrichten sind. Es macht auch einen Unterschied, ob die Zahlungen zu Beginn oder am Ende der Periode zu entrichten sind.

Skontoinanspruchnahme mit Kredit

Der Effektivzinssatz spielt für Sie auch eine Rolle bei der Frage, ob die Inanspruchnahme von Skonto sinnvoll ist, wenn die Skontoausnutzung fremdfinanziert wird.

Beispiel: Skonto mit Bankkredit finanziert

Ein Unternehmen muss eine Rechnung über 77.000 € begleichen. Zahlungsbedingungen: Zahlung innerhalb von 10 Tagen mit 2 % Skonto oder 30 Tage netto.

a) Lohnt sich der Skontoabzug, wenn dafür ein Bankkredit aufgenommen werden muss? Die Bank berechnet 11 % Zins und 0,25 % Bearbeitungsgebühr.

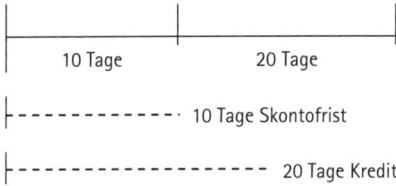

Skontoabzug

Rechnungsbetrag	77.000,00 €
− Skonto 2 %	1.540,00 €
= insgesamt	75.460,00 €

Bankkredit

Die Kreditaufnahme entspricht dem Überweisungsbetrag. Zinsen für 20 Tage

$$Z = \frac{K \times p \times t}{100 \times 360} = \frac{75.460 \times 11 \times 20}{100 \times 360} = 461,14 \text{ €}$$

0,25 % Bearbeitungsgebühr: 754,60 €: 4 = 188,65 €

Zinsen	461,14 €
+ Bearbeitungsgebühr	188,65 €
= Kreditgesamtkosten	649,79 €

Vergleich Skontoertrag und Kreditkosten

Skontoabzug	1.540,00 €
− Kreditkosten	649,79 €
= Gewinn Skontoabzug	890,21 €

Fazit: Der Skontoabzug mit gleichzeitigem Bankkredit lohnt sich, da so 890,21 € eingespart werden können.

b) Wie hoch ist der Effektivzinssatz für den Skontoabzug und den Bankkredit?

Skontoabzug

Effektivverzinsung beim Skontoabzug

Es gibt eine **näherungsweise** und eine genaue Lösung. Die näherungsweise Lösung wendet den **Dreisatz** an.

20 Tage	−	2 % Skonto
360 Tage	−	x % Skonto

$$x = \frac{360 \times 2}{20} = 36 \%$$

Die **genaue** Lösung berücksichtigt den Skontoabzug und die effektive Zahlung. Sie verwendet die **Zinsformel**, wobei nach p aufgelöst wird.

$$p = \frac{1.540 \times 100 \times 360}{75.460 \times 20} = 36{,}73\,\%$$

Bankkredit
Effektivverzinsung für den Kredit

$$p = \frac{649{,}79 \times 100 \times 360}{75.460 \times 20} = 15{,}5\,\%$$

Fazit: Der Skontoabzug entspricht einem Jahreszinsfuß von 36,73 %, während für den Bankkredit 15,5 % gezahlt wird.

Effektivverzinsung von Wertpapieren

Der Effektivzinssatz hat auch im **Wertpapiergeschäft** große Bedeutung. Die Dividenden der Aktien und die Zinsen der festverzinslichen Wertpapiere werden vom Nenn- oder Nominalwert berechnet. Die Nominalverzinsung nimmt den Nennwert und nicht den Kaufpreis als Bezugsbasis.

Wenn Sie die **effektive Verzinsung** Ihrer Aktienanlage ermitteln wollen, dann müssen Sie die jährliche Dividende in Beziehung zum Kurswert (Kaufpreis) setzen.

$$\text{Effektivzins} = \frac{\text{Jahresertrag} \times 100}{\text{Kurswert}}$$

Beispiel: Effektivverzinsung einer Anleihe

Wie hoch ist die Effektivverzinsung einer 6 % Anleihe des Bundes?

a) Bei einem Kurs von 110 %

$$\text{Effektivverzinsung} = \frac{6 \times 100}{110} = 5{,}45\,\%$$

b) Bei einem Kurs von 85 %

$$\text{Effektivverzinsung} = \frac{6 \times 100}{85} = 7,06 \%$$

Wenn das allgemeine Zinsniveau ansteigt, dann verbessern sich die Konditionen der neu emittierten Anleihen. Die sich in Umlauf befindlichen Anleihen sind aber nicht mehr so attraktiv, sodass ihr Kurs fällt. Ein sinkender Kurs bedeutet eine steigende Rendite. Der gegenteilige Effekt ist bei einem allgemein fallenden Zinstrend zu beobachten.

> Der Effektivzins *(annualized percentage rate)* oder Rendite *(rate of return, rate of yield)* ist der in Prozent ausgedrückte Ertrag einer Kapitalanlage. Bei Investments in Aktien, Fonds und Zertifikaten ist der Effektivzins wichtig.

Aktien kaufen und verkaufen – Rendite

Wenn Sie die Rendite Ihrer Aktienanlage ermitteln wollen, dann müssen Sie die beim Kauf und Verkauf anfallenden Nebenkosten berücksichtigen. Die Differenz zwischen Verkaufs- und Kaufabrechnung stellt dann einen „echten" Kursgewinn bzw. -verlust dar. Die erhaltenen Dividenden erhöhen Ihren Kursgewinn bzw. vermindern Ihren Kursverlust.

Die Rendite von Aktien entspricht der Effektivverzinsung. Außer dem angefallenen Ertrag sind das investierte Kapital und die Dauer zu erfassen.

Rechenbegriffe	
Kurs	Stückkurs = Preis für eine Aktie
Kurswert	Kurswert = Anzahl Aktien x Kurs
Spesen	Berechnung vom Kurswert
Courtage	Maklergebühr
Provision	Bankprovision

Aktienmarkt und Rentenmarkt

Der Kapitalmarkt ist der Markt für langfristige Wertpapiere und gliedert sich in den Aktienmarkt und den Rentenmarkt.

Kapitalmarkt	
Aktienmarkt	**Rentenmarkt (= Anleihenmarkt)**
• inländische Aktien • ausländische Aktien	• öffentliche Anleihen in- und ausländischer Schuldner • Privatplatzierungen von in- und ausländischen Schuldnern

Am Rentenmarkt werden festverzinsliche Wertpapiere gehandelt: Anleihen der öffentlichen Hand, Bankschuldverschreibungen und Industrieobligationen (Kapitel Anleihen, Seite 57).

Die wichtigsten Aktienindizes

Ein Aktienindex zeigt Trends und Entwicklungen des Aktienmarktes auf, da in ihm Kursinformationen über viele Aktien zusammenfließen. Zu seiner Berechnung werden solche Aktien ausgewählt, die für die Gesamtentwicklung möglichst repräsentativ sind. Die Kurse der verschiedenen Titel werden dabei entsprechend ihrer Bedeutung gewichtet.

Der wichtigste Aktienindex in Deutschland ist der **Deutsche Aktienindex (DAX)**. Er spiegelt die Entwicklung des Aktienmarktes auf der Grundlage von 30 deutschen Spitzenwerten wider und wird täglich errechnet. Der 31.12.1987 und der Wert von 1000 Punkten sind dabei Bezugsbasis. Außer der Kursentwicklung werden auch andere Erträge erfasst wie Dividenden und Bezugsrechte. Dadurch wird der DAX zu einem echten Erfolgsbarometer.

Unterhalb des DAX sind der MDAX für klassische Industriewerte und der TecDAX für Technologieaktien angesiedelt. DAX, MDAX und TecDAX bilden zusammen den Prime Standard. Kleinere Unternehmen werden im General Standard erfasst, der SDAX beinhaltet 50 Aktientitel.

Der **Stoxx 50** beinhaltet 50 erstklassige Werte (sogenannte *Blue chips*) aus Europa, einschließlich Großbritannien, Schweden und der Schweiz. Aus Deutschland sind BASF, Daimler, Deutsche Bank, Siemens und E-ON enthalten, aus der Schweiz sind es Credit Suisse Group, Nestlé, Novartis, Hoffmann - La Roche und UBS.

Der **Euro Stoxx 50** umfasst dagegen ausschließlich Aktien aus den Euro-Teilnehmerländern. Hier sind z. B. die deutschen Werte Allianz, BASF, Bayer, Deutsche Bank, Daimler, RWE, Siemens, Telekom und E-ON enthalten.

Über die Entwicklung der US-Börse geben verschiedene Indizes Auskunft. Der **Dow-Jones-Index (Dow Jones Industrial Average)** ist der bekannteste amerikanische Aktienindex und zugleich die wichtigste Börsenkennnziffer überhaupt. Er erfasst die Kursentwicklung der 30 führenden Industriewerte, z. B. von DuPont, IBM, Microsoft, McDonald's und General Electric.

Seit einigen Jahren erfasst der **Dow Jones Global Titans Index** die 50 weltweit wichtigsten Unternehmen nach den Kriterien Marktkapitalisierung, Bilanzvermögen sowie Umsatz und Gewinn. Ihm gehören US-Unternehmen (z. B. Mircosoft, General Electric, IBM, Wal-Mart, Exxon) und europäische Unternehmen (z. B. Royal Dutch, Allianz, Novartis, Telefónica, Nestlé, Siemens) an.

Aktienhandel

Banken und Sparkassen vermitteln den Kauf und Verkauf von Aktien sowie festverzinslichen Wertpapieren; sie haben den Zugang zur Börse. Die Bank ist als Kommissionär an die Weisungen des Kunden, des Auftraggebers, gebunden.

Die Bank wird für den Auftraggeber tätig, kann damit **Provision** verlangen. Sie kann von ihrem Selbsteintrittsrecht als Kommissionär Gebrauch machen und Aktien aus eigenen Beständen verkaufen.

Für die Vermittlung des Auftrags durch den Börsenmakler ist eine Courtage zu entrichten.

Spesensätze für den Aktienkauf und -verkauf	
Provision (Bankgebühr)	1 % vom Kurswert, je nach Bank auch weniger
Courtage (Maklergebühr)	1 ‰ vom Kurswert, je nach Bank auch weniger

Beispiel: Aktienkauf

Der Bankkunde Oliver King kaufte 300 Bayer-Aktien zum Stückkurs von 42,50 € über seine Hausbank. Diese berechnete eine Provision von 1 % des Kurswertes. Die Maklergebühr (Courtage) beträgt 0,04 % des Kurswertes. Über welchen Betrag lautet die Kaufabrechnung der Bank?

Kaufabrechnung der Bank

	300 Bayer-Aktien à 42,50 €	12.750,00 €
+	Provision 1 % vom Kurswert	127,50 €
+	Maklergebühr 0,04 % des Kurswerts	5,10 €
=	Bankbelastung	12.882,60 €

Beispiel: Aktienverkauf

Herr King verkauft die 300 Bayer-Aktien zum Stückpreis von 47,50 €. Die Verkaufsabrechnung enthält wie beim Kauf Provision und Maklergebühr.

Verkaufabrechnung der Bank

	300 Bayer-Aktien à 47,50 €	14.250,00 €
–	Provision 1 % vom Kurswert	142,50 €
–	Maklergebühr 0,04 % des Kurswerts	5,70 €
=	Bankgutschrift	14.101,80 €

Dividendenzahlungen und Kursgewinne

Die Aktionäre von Bayer erhielten eine Dividende von 1 € je Aktie. Welchen Ertrag hat Herr King aus den verkauften Aktien erzielt, wenn auch die Abgeltungsteuer von 25 % auf Kursgewinn und Dividende berücksichtigt wird?

Bankgutschrift	14.101,80 €
– Bankbelastung	12.882,60 €
= Kursgewinn	1.219,20 €
+ Dividende 300 Stück zu 1 €	300,00 €
= Bruttoertrag	1.519,20 €
– Abgeltungsteuer 25 %	379,80 €
= Reinertrag	1.139,40 €

> Der Ertrag in Aktien hängt weniger von der Höhe der Dividende ab, sondern in viel stärkerem Maße von dem Kurs, zu dem die Aktie gekauft und verkauft wurde. Natürlich ist auch die Dauer der Anlage zu berücksichtigen.

Rendite von Aktien

Wie hoch ist die Effektivverzinsung der Kapitalanlage, wenn Herr King die Aktien vom 04.01. bis zum 30.11. in seiner Verfügung hatte?

04.01. bis 30.11. sind	330 Tage
330 Tage ergeben	1.139,40 €
360 Tage ergeben	1.242,98 €
Kapitaleinsatz	12.882,60 €

$$\text{Effektivverzinsung} = \frac{1.242,98 \times 100}{12.882,60} = 9,6\,\%$$

Lösung mit der Zinsformel:

$$\text{Effektivverzinsung} = \frac{1.139,40 \times 100 \times 360}{12.882,60 \times 330} = 9,6\,\%$$

Versteuerung von Gewinnen

Körperschaftsteuer für Unternehmer

Kapitalgesellschaften müssen für einbehaltene und ausge-schüttete Gewinne Körperschaftsteuer zahlen. Die Körper-schaftsteuer ist eine **Definitivsteuer**, die immer in gleicher Höhe gezahlt und nur einmal zu entrichten ist. So unterbleibt eine mehrfache Besteuerung von Gewinnen bei Konzernen.

Wichtiger Bestandteil der Unternehmensteuerreform 2008 ist die Senkung des Körperschaftsteuersatzes von 25 % auf 15 %. Die Steuermesszahl der Gewerbesteuer wurde von 5 % auf 3,5 % gesenkt. Die Steuerausfälle werden teilweise da-durch kompensiert, dass die Gewerbesteuer nicht mehr als Betriebsausgabe abgesetzt werden kann.

Da Kapitalgesellschaften jetzt weniger Steuer als in früheren Jahren zahlen müssen, stärkt dies ihre Selbstfinanzierungs-kraft.

Abgeltungsteuer für Investoren

Welche Steuern kommen nun auf den Inhaber einer (Aktien-) Gesellschaft zu? Seit 2009 gilt die Abgeltungsteuer. Sie löst das bisher anwendbare Halbeinkünfteverfahren ab. Liegen die Kapitaleinnahmen unter dem Sparerfreibetrag, dann fällt überhaupt keine Steuer an. Die Abgeltungsteuer ist zu ent-richten, wenn der Freibetrag eines Alleinstehenden von 801 € im Jahr überschritten wird. Die Banken führen dann für Zin-sen, Dividenden und Kursgewinne pauschal 25 % als Steuer ab. Der Steuerfreibetrag wird jedem Anleger angerechnet. Er kann bei einer Bank vollständig in Anspruch genommen werden. Möglich ist auch, dass er auf mehrere Banken über entsprechende Freistellungsaufträge verteilt wird.

Das neue Besteuerungsverfahren sieht vor, dass alle ab 2009 gekauften Aktien dauerhaft der **Abgeltungsteuer** unterliegen. Die Dividenden und die realisierten Kursgewinne sind davon betroffen. Offene Investmentfonds und Zertifikate werden gleich behandelt. Die Abgeltungsteuer erfasst auch Zinsen und Wertzuwächse von festverzinslichen Wertpapieren. Festgelder und Genussscheine unterliegen ebenfalls der Abgeltungsteuer. Die Zinsabschlagsteuer in Höhe von 30 % auf Geldanlagen entfällt.

Die Abgeltungsteuer ist auch für die Dividenden von Aktien zu entrichten, die vor dem Jahresende 2008 erworben wurden. Die Dividende ist voll zu versteuern und nicht wie früher nur zur Hälfte. Wichtig ist aber, dass diese Aktien steuerfrei verkauft werden können. Auch die bis Ende 2008 gekauften Fonds und Anleihen genießen diesen Bestandsschutz, Kursgewinne unterliegen nicht der Abgeltungsteuer.

> Mit der Abführung der Abgeltungsteuer (25% zzgl. Solidaritätszuschlag und ggf. Kirchensteuer, max. bis 28%) ergeben sich keine weiteren Steuerverpflichtungen. Kapitaleinkünfte sind ab 2009 nicht mehr in der Einkommensteuererklärung anzugeben. Das Finanzamt erkennt aber auch keine Werbungskosten für Kapitaleinkünfte mehr an, auch keine Zinsen beim Aktienkauf auf Kredit.

Personen mit hohem Einkommen profitieren von der Neuregelung besonders, weil die Kapitaleinkünfte nicht mehr mit dem individuellen Einkommensteuersatz des Aktionärs bei der Einkommensteuererklärung zu versteuern sind. Je nach der Höhe der Gesamteinkünfte konnte dieser bis 45 % ansteigen. Nachteilig für viele Arbeitnehmer, Selbständige und Rentner ist aber, dass bei den gekauften Aktien ab 2009 beim Verkauf für die Wertzuwächse Abgeltungsteuer anfällt. Dies betrifft besonders hart junge Leute, die noch Vermögen bilden müssen und auf Kursgewinne setzen.

Niedrigverzinsliche Wertpapiere und Nullkuponanleihen sind mit Einführung der Abgeltungsteuer nicht mehr so interessant, da Kursgewinne zu versteuern sind. Die Überlegung Kursgewinn statt Zins bringt keine Vorteile mehr.

> Wenn Sie Verluste aus der Veräußerung von Aktien haben, können Sie diese nicht mit Zinseinnahmen verrechnen. Aktienverluste lassen Sie aber von den Aktiengeschäften mit Gewinn abziehen.
> Wichtig ist auch, dass keine Verlustverrechnung aus Kapitalvermögen mit Einkünften aus anderen Einkunftsarten möglich ist.

Freigrenzen bei Kapitaleinkünften

Zinseinnahmen von Festgeldern, Spareinlagen, Bausparverträgen und festverzinslichen Wertpapieren sind ab 2009 mit der Abgeltungsteuer von 26,4 % (mit Soli) zu versteuern. Die Abgeltungsteuer ist nicht zu entrichten, wenn die Zinseinnahmen unter dem Steuerfreibetrag von 801 € liegen, bei Ehepaaren 1.602 €. Es erfolgt kein Abzug, wenn die Bank einen Freistellungsauftrag hat. Keine Abgeltungsteuer fällt bei Geringverdienern an. Bei einem Einkommen unter 7.664 € im Jahr stellt das Finanzamt eine Nichtveranlagungsbescheinigung aus, die der Bank vorzulegen ist.

> Haben Sie Kapitalanlagen im Ausland, die von einer inländischen Bank ausbezahlt werden, dann unterliegen diese Einkünfte automatisch der Abgeltungsteuer. Werden Zinsen von einer Bank im Ausland ausbezahlt, dann sind diese in der Einkommensteuererklärung anzugeben.

Wichtig ist, dass auf den Freibetrag für Kapitaleinkünfte auch Gewinne aus Aktien- und Währungsgeschäften angerechnet werden, ebenso Gewinne aus dem Verkauf von Fondsanteilen. Ferner können die Kosten einer Anlageberatung oder der Besuch einer Hauptversammlung nicht mehr als Werbungskosten geltend gemacht werden. Dies alles führt dazu, dass der Freibetrag schneller als früher ausgeschöpft ist.

Anleihen

Anleihen, Pfandbriefe und Industrieobligationen sind Rentenwerte, die von der öffentlichen Hand und von privaten Unternehmen zur Finanzierung von Investitionsvorhaben ausgegeben werden. Diese Wertpapiere lauten über eine Geldschuld, haben eine lange Laufzeit und einen gleich bleibenden Ertrag. Die Zinsen werden gewöhnlich jährlich oder halbjährlich nachträglich gezahlt.

Anleihen sind Schuldverschreibungen, wobei der Schuldner den auf den Wertpapieren angegebenen Betrag (= **Nennwert**) für einen bestimmten Zeitraum (= Laufzeit) zu einem festen Zinssatz geliehen hat. Der Schuldner garantiert regelmäßige Verzinsung und Rückzahlung am Ende der Laufzeit.

Während die **Anleihen** von Bund, Ländern und Gemeinden durch Steuereinnahmen abgesichert sind, erfolgt die Absicherung bei den **Pfandbriefen** der Hypothekenbanken und den **Industrieobligationen** durch erstrangige Grundschulden und Hypotheken im Grundbuch.

Mantel, Zinsscheinbogen und Zinsscheine

Festverzinsliche Wertpapiere bestehen aus:

- Mantel, d. h. der eigentlichen Urkunde
- Zinsscheinbogen, der aus
  - den Zinsscheinen (= Coupons) und
  - dem Erneuerungsschein (= Talon)

  besteht.

Der Schuldner zahlt für jeden Zinsschein bei Vorlage und Fälligkeit den Zins. Wenn alle Zinsscheine vom Zinsscheinbogen abgetrennt sind, wird mit Hilfe des Erneuerungsscheins ein neuer Zinsscheinbogen angefordert.

> Diese Aufgaben übernimmt Ihre Bank für Sie im Rahmen der Wertpapierverwaltung. Die Bank tätigt auch Käufe und Verkäufe für Sie an den verschiedenen Börsenplätzen, wobei im Ausnahmefall auf Wunsch auch eine physische Lieferung der Wertpapiere erfolgen kann.

Nennwert und Kurswert

Der **Nennwert** ist der auf dem Wertpapier aufgedruckte Wert, z. B. 100 €, 1.000 € Nennwert. Die Zinsen werden vom Nennwert berechnet.

Kurs ist der Preis, der sich durch Angebot und Nachfrage für Wertpapiere oder Devisen an der Börse bildet. Der Preis für festverzinsliche Wertpapiere wird als Prozentkurs für 100 € Nennwert (= 100 %) angegeben.

Prozentkurs = Preis für 100 € Nennwert in %

Der **Kurswert** ist der Preis der Wertpapiere und hängt von der Höhe des Nennwertes und des Prozentkurses ab.

$$\text{Kurswert} = \frac{\text{Nennwert x Kurs}}{100}$$

Kauf und Verkauf einer Anleihe

Beispiel

Christine Groß kaufte am 16.02. bei ihrer Bank 32.000 € 7 %ige Pfandbriefe zum Kurs von 99 %, Zinstermin J/J **ohne** Zinsscheinbogen. Sie verkaufte die Wertpapiere am 18.05. des folgenden Jahres zu einem Kurs von 102,5 % **mit** Zinsscheinbogen.

– Wie lauten Kauf- und Verkaufsabrechnung der Bank?
– Wie hoch sind der Kursgewinn und die Effektivverzinsung des in den Pfandbriefen angelegten Kapitals?

Provision und Maklergebühr (Courtage)
Die Bank berechnet eine Provision von 0,5 %, die auf eine Stelle hinter dem Komma aufzurunden ist. Der Kurswert ist Berechnungsgrundlage, wenn er über dem Nennwert liegt. Ist der Kurswert dagegen niedriger als der Nennwert, dann ist letzterer anzuwenden. Die Maklergebühr beträgt 0,75 ‰ vom Nennwert und wird ebenfalls gerundet.

Kaufabrechnung der Bank:

32.000 € 7 % Pfandbriefe zu 99 %	31.680,00 €
+ Provision 0,5 % vom Nennwert	160,00 €
+ Maklergebühr 0,75 ‰ vom Nennwert	24,00 €
– Stückzinsen 7 % für 134 Tage	833,78 €
= Bankbelastung	31.030,22 €

Verkäufer behält den Zinsschein

Der Verkäufer erhält Anfang Juli bei Vorlage des Zinsscheines den Zins über 180 Tage ausbezahlt. Die Käuferin erhält ihren Zinsanteil von 134 Tagen im Voraus, also bereits beim Kauf. Die Kaufabrechnung vermindert sich deshalb entsprechend.

Januar	Februar 16.02	März	April	Mai	Juni
Anspruch des Verkäufers					
46 Tage					
		Anspruch des Käufers			
		134 Tage			

$$Z = \frac{K \times p \times t}{100 \times 360} \qquad Z = \frac{32.000 \times 7 \times 134}{100 \times 360} = 833,78 €$$

Verkaufsabrechnung der Bank:

32.000 € 7 % Pfandbriefe zu 102,5 %	32.800,00 €
– Provision 0,5 % vom Nennwert	164,00 €
– Maklergebühr 0,75 ‰ vom Nennwert	24,00 €
+ Stückzinsen 7 % für 138 Tage	858,67 €
= Bankbelastung	33.470,67 €

Käufer bekommt den Zinsschein

Frau Groß als Verkäuferin hat im vorliegenden Fall einen Zinsanspruch über 138 Tage, da sie den letzten Zinsschein an den Käufer abtrat.

Januar	Februar	März	April	Mai 18.05	Juni
	Anspruch des Verkäufers				
	138 Tage				
					Anspruch des Käufers
					42 Tage

$$Z = \frac{K \times p \times t}{100 \times 360} \qquad Z = \frac{32.000 \times 7 \times 138}{100 \times 360} = 858,67 \text{ €}$$

Wie hoch ist die Effektivverzinsung des in den Pfandbriefen angelegten Kapitals?

Reingewinn (Kursgewinn und Zinsen):

Verkaufswert der Pfandbriefe	33.470,67 €
– Kaufwert der Pfandbriefe	31.030,22 €
= Kursgewinn mit Zinsen	2.440,45 €
+ Zinsen für ein Halbjahr, Auszahlung am 01.01.	1.120,00 €
= Gewinn	3.560,45 €
– Abgeltungssteuer 25 %	890,11 €
davon 5,5 % Solidaritätszuschlag 48,95	939,06 €
Reingewinn	2.621,39 €

Frau Groß erhielt am 01.07. keine Zinsen, da der Verkäufer den Zinsscheinbogen behielt. Sie bekam aber am 01.01. des folgenden Jahres eine Zinszahlung. Am folgenden 01.07.

erhält sie ebenfalls keine Zinszahlung, da sie den Zinsschein-bogen verkauft hat.

02	03	04	05	06	07	08	09	10	11	12	01	02	03	04	05
16					01						01				18

Kauf   keine   Zinszahlung   Verkauf
ohne   Zinszahlung   mit
Zinsschein   Zinsschein

16.02. bis 17.05. des folgenden Jahres ergibt sich 452 Tage.

$$\text{Effektivzins } p = \frac{Z \times 100 \times 360}{K \times t} = \frac{2.621{,}39 \times 100 \times 360}{31.030{,}22 \times 452} = 6{,}72\ \%$$

> Pfandbriefe sind eine interessante Alternative zu Bundesanleihen mit entsprechender Laufzeit, weil sie oft einen Renditevorteil bieten.

Bonität und Rating von Anleihen

Die Qualität von festverzinslichen Wertpapieren hängt von der **Bonität** des Anleiheschuldners ab. Man versteht unter dem „Bonitätsrisiko" die Gefahr der Zahlungsunfähigkeit des Schuldners.

Beim Kauf von Anleihen sollten Sie auf die **Bonität des Emittenten** achten, insbesondere beim Kauf von Auslandsan-leihen. Die Emissionsvorschriften sind nicht in allen Ländern so streng wie in Deutschland. Die amerikanischen Rating-Agenturen Standard & Poor's (S & P) und Moody's Investor Service stufen die Bonität von Emittenten als Schuldner ein, das als **Rating** bezeichnet wird.

Die Einstufung reicht von AAA über AA und A zu BBB bis schließlich D. Das dreifache A bedeutet herausragend starke Fähigkeit zur Zahlung von Zinsen und Tilgung. BBB gilt als befriedigend. Ein konkursreifes Unternehmen wird mit C bzw. D eingestuft.

> Ein schlechtes Rating bedeutet ein hohes Ausfallrisiko. Der Emittent muss folglich die Anleihe mit einem höheren Zins ausstatten. Die Rendite ist umso höher, je niedriger das Rating ist. Die Finanzkrise hat aber gezeigt, dass auch hohe Verluste bei Papieren eintreten können, die von den Ratingagenturen als gut eingestuft worden sind.

Sonderformen festverzinslicher Wertpapiere

- **Auslandsanleihen** können **Euro-Auslandsanleihen** sein. Sie sind von ausländischen Emittenten ausgegeben und lauten auf €. **Fremdwährungsanleihen** sind Schuldverschreibungen ausländischer Emittenten in einer ausländischen Währung.

- **Wandelschuldverschreibungen** sind Anleihen mit laufender Verzinsung. Es besteht das Recht, die Anleihen zu einem späteren Zeitpunkt in Aktien umzuwandeln.

- **Optionsanleihen** sind Anleihen mit der Berechtigung, innerhalb einer bestimmten Frist Aktien zu erwerben.

- **Zero-Bonds (= Nullkuponanleihen)** gewähren keine laufende Verzinsung. Die Gesamtverzinsung ergibt sich aus der Differenz zwischen dem Rücknahmepreis bei der Tilgung und dem Einstandspreis.

Risikostreuung in der Vermögensanlage

Der Anleger muss die Chancen und Risiken der verschiedenen Anlageformen kennen. Ein Grundsatz der Vermögensanlage ist die Risikostreuung auf flüssige Mittel, Wertpapiere und Immobilien.

Bei der Vermögensanlage ist zu beachten:

- der zur Verfügung stehende Betrag
- die erwartete Rendite *(performance)*
- die Zeitspanne der Anlage
- die Risikobereitschaft des Anlegers
- die familiären Verhältnisse und das Alter des Anlegers

Asset allocation ist die Verteilung eines Wertpapierdepots auf Aktien, Anleihen, Fonds und Zertifikate.

Diskontierung

Aufzinsung bedeutet die Berechnung des Endwertes eines Kapitals. Das Gegenstück zur Aufzinsung ist die Abzinsung. Der Barwert *(present value)* ist der abgezinste, diskontierte Wert eines Kapitals, einer Einzahlung oder einer Auszahlung. Für die Beurteilung zukünftiger oder vergangener Zahlungen wird der Barwert (Anfangs- oder Gegenwartswert) benötigt.

Diskontierung von Wechseln

Wenn Sie Gläubiger sind, können Sie zur Sicherung Ihrer Forderung einen Wechsel auf den Schuldner ziehen. Der **Wechsel** ist eine Urkunde, eine schriftliche Zahlungsanweisung, einen bestimmten Geldbetrag zu einem späteren Zeitpunkt an eine genannte Person zu zahlen. Der Gläubiger erhält durch den Verkauf eines Wechsels vor dem Fälligkeitstag flüssige Mittel. Banken kaufen solche Wechsel ihrer Kunden an und bevorschussen so deren Forderungen.

Nennwert und Barwert

Der an einem bestimmten Verfalltag fällige Wechsel lautet auf einen bestimmten Betrag, den **Nennwert**. Wenn ein Wechsel zur Diskontierung eingereicht wird, dann gibt es für die Zeit zwischen Ankaufstag und Verfalltag einen Zinsabzug, den Diskont.

> Nennwert – Diskont = Barwert

Der **Diskont** wird für die Zeit vom Diskontierungsdatum bis zum Fälligkeitsdatum des Wechsels berechnet. Der um den Diskont verminderte Wechsel heißt **Barwert**.

> Wenn Sie einen Wechsel besitzen, dann haben Sie vier verschiedene Verwendungsmöglichkeiten:
> - am Verfalltag dem Bezogenen vorlegen
> - Wechsel als Zahlungsmittel an einen Lieferanten weitergeben (indossieren)
> - Wechsel der Bank zum Inkasso einreichen
> - Diskontierung des Wechsels bei der Bank.

Berechnung der Diskonttage

Durch die Ausstellung des Wechsels am **Ausstellungstag** entsteht ein Geldanspruch, der am **Verfalltag** (= Fälligkeitstag) zu bezahlen ist. Wird der Wechsel zu einem früheren Tag bei der Bank diskontiert, dann ist Diskont für die Zeit zwischen **Ankaufstag** (= Einreichungstag) und Verfalltag zu entrichten.

Beispiel: Ausstellungs-, Ankaufs- und Verfalltag

	79 Tage Kreditgewährung
06.09 Tag der Ausstellung	18.09. Ankaufstag	06.12. Verfalltag

Die **Tageberechnung** bei der Diskontierung von Wechseln erfolgt nach den Regeln der Zinsberechnung von Kaufleuten oder nach der Eurozinsmethode (siehe Kapitel Zinsrechnen, Seite 29 und Seite 30).

Diskontieren eines Wechsels

Bei der Abrechnung von Wechseln sollten Sie berücksichtigen, dass der Diskont dem Zins und die Diskontzahl der Zinszahl entspricht (Kapitel Zinsrechnen, Seite 33).

Beispiel: Diskontieren eines Wechsels durch die Bank

Großhändler Lindt reicht am 17. März seiner Hausbank den Wechsel seines Kunden Saier über 25.000 € zum Diskont ein. Der Abrechnungssatz der Bank beträgt 12 %. Wie hoch ist die Gutschrift der Bank, wenn der Wechsel in 90 Tagen fällig ist?

$$Zinsen = \frac{Zinszahl}{Zinsdivisor} \quad bzw. \quad Diskont = \frac{Diskontzahl}{Diskontdivisor}$$

$$Diskontzahl = \frac{25.000 \times 90}{100} \qquad Diskont = \frac{22.500}{30} = 750$$

Bankgutschrift: 24.250 €

Hinweis: 12 % in 90 Tagen entsprechen 3 % in 360 Tagen,
3 % von 25.000 € ergeben 750 € Diskont.

Mehrere Wechsel diskontieren

Die Diskontierung mehrer Wechsel erfolgt nach dem Prinzip
der summarischen Zinsrechnung und dem dort angewandten
Abrechnungsschema (Kapitel Zinsrechnen, Seite 34). Möglich
wäre es natürlich auch, den Diskont je Wechsel einzeln vor-
zunehmen.

**Beispiel: Diskontieren mehrerer Wechseln in einer
Abrechnung**

Ein Unternehmen diskontiert bei der Volksbank am 11.12. drei
Wechsel nach der Eurozinsmethode:

6.000 €, fällig am 19.12.

800 €, fällig am 01.02.

2.500 €, fällig am 10.03.

Die Bank rechnet mit einem Abrechnungssatz von 9 % ab.
Außerdem fallen Auslagen in Höhe von 7,50 € an.

Beträge	Verfall	Tage	Zinszahlen
6.000,00 €	19.12.	8	480
800,00 €	01.02.	52	416
2.500,00 €	10.03.	89	2.225
9.300,00 €			3.121 : 40 = 78,03
78,03 €	Diskont		
7,50 €	Auslagen		
9.214,47 €	Barwert		

Auf- und Abzinsung von Beträgen

Die Berechnung des Endwertes eines Kapitals wird als Aufzinsung bezeichnet. Das Anfangskapital, der Zinssatz und die Laufzeit sind zu berücksichtigen.

> Während in der Zinsrechnung nur das Kapital verzinst wird, werden bei der Zinseszinsrechnung nicht ausgezahlte Zinsen dem Kapital hinzugefügt und mit diesem verzinst. Mit fortschreitendem Zeitablauf werden die Unterschiede zwischen Zins- und Zinseszinsrechnung immer größer.

Wenn Sie den Kapitalendwert nach Jahren kennen, dann können Sie durch Abzinsung den Gegenwartswert (Barwert) ermitteln. Sie können so auch feststellen, welchen Wert eine in einer späteren Periode anfallende Einnahme oder Ausgabe im Bezugszeitpunkt hat. Je früher eine Einnahme oder Ausgabe anfällt, desto höher ist der Betrag.

$$i = \frac{p}{100}$$

Symbole zur Zinseszinsrechnung und zum Barwert:

Ko   Anfangskapital, Barwert einer Zahlung

Kn   Endkapital, Endwert einer Zahlung

n Jahre, Laufzeit   Z Zins   p Zinsfuß in %   i Zinssatz

Aufzinsung in der Zinseszinsrechnung

Mit Hilfe des Aufzinsungs- oder Verzinsungsfaktors wird das Endkapital berechnet. Der Aufzinsungsfaktor beinhaltet den Zinssatz und die Laufzeit.

Der Aufzinsungsfaktor q für einen bestimmten Zinssatz p wird wie folgt dargestellt:

$$1+i = \left(1+\frac{p}{100}\right) \qquad q^n = \left(1+\frac{p}{100}\right)^n$$

Zinseszinsformel:

$$K_n = K_0 \times q^n$$

Sie können die Zinseszinsformel auch so darstellen.

$$K_n = K_0 \left(1+\frac{p}{100}\right)^n$$

Beispiel

10.000 € Anfangskapital, 5 % Zins und 3 Jahren können Sie wie folgt mit der Zinseszinsformel berechnen.

$$K_3 = 10.000 \left(1+\frac{5}{100}\right)^3$$
$$K_3 = 10.000 \times 1{,}05^3 = 10.000 \times 1{,}157625 = 11.576{,}25 \text{ €}$$

Aufzinsungs- und Abzinsungsfaktoren können Sie mit Taschenrechnern schnell und genau ermitteln.

Abzinsung führt zum Barwert

Der Abzinsungs- oder Diskontierungsfaktor ist der reziproke Wert des Aufzinsungsfaktors. Den Barwert K_0 eines später fälligen Kapitals K_n erhalten Sie durch Multiplikation des Endwerts K_n mit dem Abzinsungsfaktor.

Abzinsungsfaktor v

$$v = \frac{1}{q} \qquad v^n = \frac{1}{q^n}$$

Formel zur Berechnung des **Barwerts**:

$$K_0 = \frac{K_n}{q^n} \qquad v = \frac{1}{\left(1 + \dfrac{p}{100}\right)^n} \qquad K_0 = K_n \times v^n$$

Beispiel

Am Ende des fünften Jahres stehen 37.500 € zur Verfügung. Wie hoch ist jeweils der Barwert bei Kalkulationssätzen von 6 % und 10 %?

$$K_0 = 37.500 \times \frac{1}{\left(1 + 0,06\right)^5}$$

$$K_0 = 37.500 \times 0,747258172 = 28.022,18\ €$$

$$K_0 = 37.500 \times \frac{1}{\left(1 + 0,1\right)^5}$$

$$K_0 = 37.500 \times 0,620921323 = 23.284,54\ €$$

Wie Sie im Beispiel sehen können, hängt die Höhe des Barwertes auch vom gewählten Kalkulationszinssatz ab. Bei einem Kalkulationszinssatz von 10 % ergibt sich ein niedrigerer Kapitalwert als bei einem Kalkulationszinsfuß von 6 %. Die Praxis orientiert sich bei der Festlegung des Kalkulationssatzes nach der Verzinsung von Anleihen am Kapitalmarkt. Zu dieser Mindestverzinsung kommt noch ein Risikofaktor hinzu, z. B. 3 %.

> Der Barwert eines in der Zukunft fälligen Betrages ist umso kleiner, je
> höher der Zinssatz und je später der Betrag fällig ist

Der Zeitwert einer künftigen Einnahme oder Ausgabe ist ein
Bewertungsmaßstab im deutschen Handels- und Steuerrecht
und im System der IFRS.

Investitionen mit der Kapitalwertmethode prüfen

In der Kapitalwertmethode, auch Diskontierungs- oder Bar-
wertmethode genannt, werden die künftigen Einnahmen und
Ausgaben mit einem gegebenen Kalkulationszinsfuß auf den
Beginn der Investition abgezinst.

> Die zu verschiedenen Zeitpunkten anfallenden Ein- und Auszahlungen
> werden durch die Abzinsung mit dem Kalkulationszinsfuß miteinander
> vergleichbar gemacht.

Der Kapitalwert einer Investition ergibt sich als Differenz
zwischen der Summe der Barwerte aller Einzahlungen und
der Summe aller Auszahlungen. Das Investitionsprojekt erfüllt
die erwünschte Verzinsung, wenn sich ein Kapitalwert von
mindestens Null ergibt.

Den Kapitalwert einer Investition ermitteln Sie wie folgt:

Überschuss der jeweiligen Perioden auf die Periode 0 (Gegenwart) abzinsen

+ Liquidations- oder Restwert der Anlage auf die Periode 0 abzinsen

- Anschaffungswert der Anlage in der Periode 0

= Kapitalwert zum Zeitpunkt t = 0

Ein Investitionsprojekt durchrechnen

Der Kapitalwert einer Investition ist das entscheidende Kriterium zur Beurteilung und Auswahl von Investitionsvorhaben.

Beispiel

 Ein Investitionsprojekt mit einer Nutzungsdauer von 5 Jahren erfordert einen Kapitaleinsatz von 86.000 €. Das Unternehmen rechnet mit einem Kalkulationszinsfuß von 10 %. Die erwarteten Einnahmen und Ausgaben stellen sich wie folgt dar:

Periode	Einnahmen	Ausgaben	Rückflüsse	Abzinsungsfaktoren	Barwert
1	20.000	10.000	10 .000	0,90909090	9.090,91
2	36.000	6.000	30.000	0,82644628	24.793,39
3	42.000	8.000	34.000	0,75131480	25.544,70
4	42.000	10.000	32.000	0,68301345	21.856,43
5	36.000	12.000	24.000	0,62092132	14.902,11
	176.000	46.000	130.000		96.187,54

Die Summe der Barwerte ergibt 96.187,54 €. Da der Kapitaleinsatz 86.000 € beträgt, verbleibt ein positiver Kapitalwert von 10.187,54 €.

Es sind folgende Aussagen möglich:

- **Kapitalwert = Kapitaleinsatz**

  Ein Kapitalwert = 0 erfüllt die gestellten Bedingungen. Die gewünschte Mindestverzinsung wird erzielt. Das investierte Kapital und der Barwert der Rückzahlungen entsprechen sich.

- Kapitalwert > Kapitaleinsatz

  Bei einem positiven Kapitalwert erreichen Sie, dass das Investitionsvorhaben außer den kalkulierten Ausgaben und der vorgegebenen Verzinsung noch einen Gewinn erzielt. Das Investitionsvorhaben ist vorteilhaft.

- **Kapitalwert < Kapitaleinsatz**

  Ergibt sich ein negativer Kapitalwert, dann sind die abgezinsten Überschüsse kleiner als die Ausgaben.

  Das Vorhaben ist nicht vorteilhaft.

Den Nutzen einer einzelnen Investition können Sie mit dem sogenannten Kalkulationszinsfuß, einem angenommenen Zinsfuß, prüfen. Die Höhe des Kalkulationszinsfußes spielt auch eine Rolle im Hinblick auf die tatsächliche Investitionsentscheidung.

Investitionsvorhaben nach Kapitalwert selektieren

Das Projekt mit dem höchsten Kapitalwert ist die günstigste Lösung. Die Investitionsvorhaben müssen aber in der Höhe des Kapitaleinsatzes, der Dauer der Investitionsperioden und der Länge der Nutzungsdauer der Aggregate übereinstimmen bzw. vergleichbar gemacht werden.

Leasing oder Kauf?

Vor jeder Investitionsentscheidung stellt sich die Frage, wie die Investition finanziert werden kann. Leasing kann eine interessante Alternative zum Barkauf oder Kreditkauf sein. Die Kreditfinanzierung ist zwar gewöhnlich billiger, sie bindet aber mehr liquide Mittel. Da Leasing auch zu einer steuerlichen Entlastung führt, lohnt es sich, über diese Art der Finanzierung genauer Bescheid zu wissen.

Was ist Leasing?

Leasing (engl. *to lease* = mieten, vermieten) ist die mittel- und langfristige Vermietung oder Verpachtung von Anlagegütern durch den Hersteller oder eine Leasinggesellschaft. Der Leasinggeber übernimmt in der Regel noch Leistungen wie Reparatur, Wartung und Versicherung.

Welchen Finanzierungsvorteil bietet Ihnen Leasing? Das Eigenkapital wird geschont und kann für andere Investitionen eingesetzt werden. Dies gilt im Übrigen auch für Fremdkapital, da der eingeräumte Kreditrahmen erhalten bleibt.

Die Liquidität wird nicht gleich in vollem Umfang beansprucht, sondern der Kapitalrückfluss wird auf die Dauer des Vertrages verteilt. Leasing erhöht die finanzielle Flexibilität des Unternehmens.

Bilanzierung bei Leasing

Leasinggüter werden im Regelfall vom Leasinggeber bilanziert, und der nimmt auch die Abschreibung vor. Der Leasingnehmer aktiviert die geleasten Wirtschaftsgüter nicht, während bei der Kauffinanzierung eine Aktivierung erfolgt.

Der **Kreditkauf** bewirkt eine Bilanzverlängerung. Der Käufer nimmt hier die Abschreibung vor und setzt Fremdkapitalzinsen als Aufwand an.

Arten des Leasing

Nach den Leasingobjekten	
Immobilien-Leasing	**Mobilien-Leasing**
Verwaltungs-, Geschäfts- und Fertigungsgebäude mit Laufzeiten von 15 bis 30 Jahren	Leasing von Investitionsgütern (z. B. Nutzfahrzeuge, Maschinen) und von Konsumgütern (TV-Geräte)
Nach der Vertragsdauer und Kündigung	
Operating-Leasing	**Finanzierungs-Leasing**
Vertragsverhältnis ist bei Konsumgütern (Standardwirtschaftsgütern) jederzeit kündbar. Es gibt keine Grundmietzeit.	Hat einen langfristigen Charakter, Mobilien und Immobilien kommen in Betracht. Während der Grundmietzeit ist das Vertragsverhältnis nicht kündbar.

Leasingverträge

Der **Leasingvertrag** ist rechtlich ein Mietvertrag, der an die speziellen Bedürfnisse des jeweiligen Geschäftes angepasst ist. Leasingverträge reichen von normalen Mietverträgen bis zu verdeckten Ratenkaufverträgen.

Voll- und Teilamortisations-Leasing

Die Zahlungen, die während der Grundmietzeit zu leisten sind, decken meist die Anschaffungskosten, die Finanzierungskosten, die Nebenkosten und den Gewinn der Leasinggesellschaft. Diese Art von Leasing nennt man Vollamortisations-Leasing oder Full-pay-out-Modell.

Wenn die Leasingraten nicht die gesamten Kosten decken, spricht man von **Teilamortisations-Leasing**. Die Leasingraten sind jetzt zwar niedriger, bei Vertragsende ist jedoch die Differenz zu entrichten.

Der Leasingnehmer erhält nach Ablauf der Grundmietzeit eine Mietverlängerung und/oder eine **Kaufoption**. Beim Leasingvertrag ohne Kaufoptionsrecht werden für die Zeit nach Ablauf der Grundmietzeit keine Vereinbarungen getroffen.

Es gibt ferner den Leasingvertrag mit **Mietverlängerungsoption** für den Leasingnehmer nach Ablauf der Grundmietzeit. Die Folgemiete beträgt nur noch einen Bruchteil der bisherigen Miete, meistens 5 bis 10 % der früheren Grundmiete.

Die Abschlussgebühr bei Leasingverträgen liegt bei 0 bis 10 % des Anschaffungswertes und die monatlichen Leasingraten bei 2 bis 4 % des Anschaffungswertes.

Fallbeispiel: Kauf, Kredit oder Leasing?

Die Guhl GmbH, Hersteller hochwertiger Konsumgüter, will ihre Produktion an die gestiegene Nachfrage anpassen. Die Anschaffungskosten zweier neuer Maschinen sind 120.000 €. Barkauf, Kreditfinanzierung und Leasing sind möglich; die erwarteten Einnahmen aus der Nutzung der Maschinen betragen 35.000 € im Jahr.

- Barkauf:
  Anschaffungskosten der zwei Maschinen 120.000 €, Nutzungsdauer 5 Jahre.

- Bankkredit:
  Abzahlungsdarlehen 125.000 €, Auszahlung 96 %, Laufzeit 5 Jahre, Kreditzinsen 9 %, Kredittilgung 5 gleiche Raten.

- Leasing:
  Grundmietzeit 4 Jahre, Abschlussgebühr 10 %, Leasingraten pro Monat 2,5 %, Anschlussmiete im 5. Jahr 3.600 €.

- Bankfinanzierung:

Jahr	Schuld Jahres- beginn	Zinsen 9 %	Tilgung	Zinsen und Tilgung	Schuld Jahres- ende
1	125.000	11.250	25.000	36.250	100.00
2	100.000	9.000	25.000	34.000	75.000
3	75.000	6.750	25.000	31.750	50.000
4	50.000	4.500	25.000	29.500	25.000
5	25.000	2.250	25.000	27.250	–
		33.750	125.000	158.750	

- Leasingfinanzierung:
  monatliche Rate 2,5 % von 120.000 € = 3.000 €
  Jahresrate 3.000 € x 12 = 36.000 €

- Gesamtkosten von Leasing:

Abschlussgebühr	12.000 €
+ 4 Jahresraten 36.000 € x 4	144.000 €
+ Anschlussmiete	3.600 €
insgesamt	159.600 €

Die Gesamtausgaben der Bankfinanzierung betragen bei Kreditzinsen von 9 % 158.750 €, die entsprechenden Leasingausgaben erreichen 159.600 €. Der Unterschied zwischen der Bank- und der Leasingfinanzierung ist nicht groß, eine Folge der teueren Kreditfinanzierung.

Die rechnerischen Ergebnisse zeigen, dass der **Barkauf** die günstigste Lösung für die Firma ist. Er ist sinnvoll, wenn das Unternehmen über genügend flüssige Mittel verfügt. Neben Kostengesichtspunkten und dem Liquiditätsabfluss ist jedoch auch der entgangene Nutzen für eine andere „Investitionsanlage" bzw. „Geldanlage" zu sehen.

Der eigentliche Vergleich fällt zwischen der **Bank**- und der der **Leasingfinanzierung**. Die Leasingfinanzierung ist in diesem fall ungünstiger als die Bankfinanzierung.

Wenn die Firma nicht so flüssig ist, dann spricht vieles für den Kreditkauf. Für den Kreditkauf spricht auch die Tatsache, dass die Maschinen eine längere Laufzeit als 5 Jahre haben. Die Guhl GmbH wird Eigentümer, der Kredit ist nach 5 Jahren

abgezahlt. Insbesondere mit Kreditzinsen von unter 9 %
schneidet der Bankkredit günstiger ab.

Für Leasing sprechen einige „nicht rechenbare" Faktoren:

- Wartung und technische Betreuung dürften bei Leasing
  besser sein, bei einer komplizierten technischen Anlage ein
  wichtiges Argument.

- Leasing ist auch dann eine interessante Finanzierungsal-
  ternative, wenn die Liquidität und der Kreditrahmen nicht
  beansprucht werden sollen.

Finanzierungsvariante Leasing

Die Entscheidung für oder gegen Leasing hängt nicht nur von
rein rechnerischen Ergebnissen ab, die Finanz- und Ertragslage des jeweiligen Leasingnehmers spielt ebenfalls eine wichtige Rolle. Die steuerliche Entlastung ist bei Leasing höher als
bei der Kreditfinanzierung.

Leasing ist für Unternehmen **mit guter Ertragslage** interessant, weil Steuervorteile realisiert werden können, was Kos-
tenvorteile bedeutet. Die Leasingzahlungen sind steuerlich
für den Leasingnehmer Betriebsausgaben, die im betreffenden Wirtschaftsjahr abzusetzen sind.

Leasing kann aber auch interessant sein, wenn es keine Kos-
tenvorteile gibt. Unternehmen, die eine schwache Kapitalba-
sis aufweisen, können unter Umständen keine andere Finanzierung bekommen, da die Sicherheiten bereits verwendet
sind.

Abschreibungen

Der Wert von Gebäuden, Betriebsvorrichtungen, Maschinen und Fahrzeugen wird durch die Abnutzung, den Verschleiß und den technischen Fortschritt von Jahr zu Jahr geringer. Um die Vermögenslage in der Schlussbilanz richtig darzustellen, ist die jährliche Wertminderung vom Anschaffungswert abzuziehen. Durch Abschreibungen werden die Werte des Anlagevermögens an die Realität angeglichen. Der Kaufmann hat in der Handelsbilanz ein Wahlrecht zwischen der degressiven und der linearen Abschreibung. In der Steuerbilanz ist grundsätzlich die lineare AfA anzuwenden. Jedoch wurde im Rahmen des Konjunkturpakets der Regierung für die Jahre 2009 und 2010 die degressive Abschreibung wieder eingeführt.

Anschaffungskosten und Abschreibungen

Die Anschaffung eines Anlagegutes verursacht Kosten: Kaufpreis zuzüglich Anschaffungsnebenkosten wie Fracht und Montagekosten. Die Anschaffungskosten sind durch **Ab-**

schreibungen auf die Geschäftsjahre, in denen das Gut genutzt werden kann, zu verteilen. Die Abschreibungen erfassen diese Wertminderungen. Der um die Abschreibung verminderte Anschaffungswert heißt Buchwert.

Ursachen für Wertminderungen von Gütern sind:

- **Benutzung** eines Gegenstandes führt zu einem natürlichen Verschleiß, Abschreibung durch Gebrauch.
- Der **technische Fortschritt** führt zu wirtschaftlicheren Geräten, wodurch alte Anlagen an Wert verlieren.
- **Nachfrageverschiebungen** bewirken, dass bestimmte Produkte in der Käufergunst an Bedeutung verlieren. Dies hat auch Folgen auf den Wert ihrer Fertigungsanlagen.
- Ein **natürlicher Verschleiß** ist auch festzustellen, wenn ein Anlagegut überhaupt nicht genutzt wird, z. B. durch Witterungseinflüsse oder Veralterung.

Bilanzielle und kalkulatorische Abschreibungen

Die Finanzbuchhaltung ermittelt die bilanzielle Abschreibung für die Handelsbilanz und die Steuerbilanz. Die Anschaffungs- oder Herstellungskosten sind die Bezugsbasis für die bilanzielle Abschreibung. Die Buchwerte werden durch die Abschreibung entsprechend vermindert. Die Wertminderung wird als Abschreibung gebucht und als Aufwand in der Gewinn- und Verlustrechnung erfasst. Die bilanzielle Abschreibung vermindert den Gewinn, was wiederum zu einer Steuerersparnis führt. Das Steuerrecht spricht von „Absetzung für Abnutzung", kurz AfA.

Die Kosten- und Leistungsrechnung (Kapitel Kostenrechnung und Kalkulation, Seite 93) ist für die **kalkulatorische** Abschreibung zuständig. Die tatsächliche Wertminderung der Anlagegüter ist zu erfassen, da nur dann die Selbstkosten richtig ermittelt werden können.

Planmäßige und außerplanmäßige Abschreibungen

Die **planmäßige Abschreibung** berücksichtigt den zu erwartenden Wertverlust. Es handelt sich hier um die vorhersehbare Wertminderung.

> Der planmäßigen Abschreibung in der Handelsbilanz entspricht in der Steuerbilanz die Absetzung für Abnutzung (AfA).

Die **außerplanmäßige Abschreibung** tritt durch unerwartete Ereignisse ein, z. B. Defekt, Unfallschaden, Wassereinbruch. Das Anlagegut erleidet eine unerwartete Wertminderung.

Lineare Abschreibung

Bei der linearen Abschreibung wird stets derselbe Betrag abgeschrieben. Die Anschaffungs- und Herstellungskosten werden bei der linearen Abschreibung in gleichen Beträgen auf die einzelnen Jahre der Nutzungsdauer verteilt.

Der **jährliche Abschreibungsbetrag** ergibt sich aus dem Anschaffungs- oder Herstellungswert dividiert durch die gewöhnliche Nutzungsdauer.

Beispiel

Ein Pkw im Wert von 30.000 Euro soll in 6 Jahren abgeschrieben werden.

$$\text{Jährlicher Abschreibungsbetrag} = \frac{30.000}{6} = 5.000 \text{ €}$$

Da der Anschaffungswert 100 % beträgt, führt eine Abschreibung in einem Zeitraum von 6 Jahren zu einem **Abschreibungssatz (AfA-Prozentsatz)** von 16,66 %.

$$\text{AfA-Prozentsatz} = \frac{100}{\text{Nutzungsdauer}}$$

Das Finanzamt legt für die Steuerbilanz die wirtschaftliche Nutzungsdauer von Anlagegegenständen fest. Es entscheidet durch die Festlegung der Nutzungsdauer auch über die Höhe der anzuwendenden AfA-Prozentsätze.

Wenn Sie eine planmäßige Abschreibung durchführen, müssen Sie zu Beginn der Nutzung einen **Abschreibungsplan** aufstellen. Sie müssen die Kosten auf die einzelnen Geschäftsjahre verteilen, in denen der Gegenstand genutzt wird. Die tatsächliche Nutzungsdauer kann später davon abweichen. Dann sind Korrekturen notwendig.

Beispiel: Abschreibungsplan

 Eine Maschine in einem Industrieunternehmen mit Anschaffungswert von 210.000 € soll in 7 Jahren abgeschrieben werden.

Jährlicher Abschreibungsbetrag $= \dfrac{210.000}{7} = 30.000 €$

Abschreibungsplan mit linearer Abschreibung		
Jahr	Buchwert am Jahresanfang	Jährliche Abschreibung
1	210.000	30.000
2	180.000	30.000
3	150.000	30.000
4	120.000	30.000
5	90.000	30.000
6	60.000	30.000
7	30.000	30.000

Nach der Unternehmenssteuerreform war seit 2008 als steuerliche Abschreibung für Neuanschaffungen nur noch die lineare Abschreibung erlaubt gewesen. Die Bundesregierung hat in Verbindung mit der Finanzkrise ein Konjunkturpaket aufgelegt und für die Jahre 2009 und 2010 die befristete Wiedereinführung der degressiven Abschreibung beschlossen.

Geometrisch–degressive Abschreibung

Die geometrisch-degressive Abschreibungsmethode belastet die ersten Jahre der Nutzung wesentlich stärker als die folgenden. Der starke Wertverlust vieler Anlagegüter in den ersten beiden Jahren wird so erfasst. Die geometrisch-degressive Abschreibung kann handelsrechtlich auf bewegliche Anlagegegenstände und Gebäude angewendet werden.

Es wird jährlich immer der **gleiche Prozentsatz** vom jeweiligen **Restbuchwert** abgeschrieben. Die Abschreibungsbeträge fallen deshalb von Jahr zu Jahr, da der Abschreibungssatz (p) unverändert bleibt, aber der Restbuchwert immer kleiner wird.

Die Maschine aus dem Beispiel (Seite 85) mit einem Anschaffungswert von 210.000 € und einer Lebensdauer von 7 Jahren soll jährlich mit 30 % abgeschrieben werden.

Abschreibungsplan mit geometrisch-degressiver Abschreibung			
Jahr	Buchwert am Jahresanfang	Jährliche Abschreibung	Restbuchwert
1	210.000,00	63.000,00	147.000,00
2	147.000,00	44.100,00	102.900,00
3	102.900,00	30.870,00	72.030,00
4	72.030,00	21.609,00	50.421,00
5	50.421,00	15.126,30	35.294,70
6	35.294,70	10.588,41	24.706,29
7	24.706,29	7.411,89	17.294,40

Variante

Angenommen, die Maschine mit dem Wert von 210.000 € hätte eine Lebensdauer von 10 Jahren und würde mit einem Abschreibungssatz von 20 % degressiv abgeschrieben. Wie hoch ist der Restbuchwert nach 3 Jahren?

Die **Formel** zur **Ermittlung des Restbuchwertes** bei degressiver Abschreibung lautet:

$$B_n = B_0 \left(1 - \frac{p}{100}\right)^n$$

Bn = Restbuchwert = in Variante gesucht

Bo = Anschaffungswert oder Herstellkosten = im Beispiel 210.000 €

p = Abschreibungssatz = in Variante 20 %

n = Nutzungsdauer = in Variante 3 Jahre

$$B_3 = 210.000 \left(1 - \frac{20}{100}\right)^3$$

$$B_3 = 210.000 \times 0,8^3 = 210.000 \times 0,512 = 107.520 \text{ €}$$

Die geometrisch-degressive Abschreibung erreicht theoretisch nie den Restwert Null. Es ist deshalb sinnvoll, von der geometrisch-degressiven auf die lineare Abschreibung überzuwechseln (aber nicht umgekehrt). Der Wechsel ist in dem Jahr zu empfehlen, wenn die lineare Abschreibung höher als die geometrisch-degressive wird.

Die folgende Tabelle zeigt die geometrisch-degressive Abschreibung mit dem Anschaffungswert von 210.000 € über den Zeitraum von 7 Jahren. Die lineare Abschreibung beträgt im vorliegenden Fall jährlich 30.000 €.

Jahr	Buchwert am Jahresanfang	Degressive	Lineare	Degressive lineare	Restbuchwert
Übergang von der geometrisch-degressiven zur linearen Abschreibung					
			Abschreibung		
1	210.000	63.000,00	30.000	63.000	147.000
2	147.000	44.100,00	30.000	44.100	102.900
3	102.900	30.870,00	30.000	30.870	72.030
4	72.030	21.609,00	30.000	30.000	42.030
5	42.030	15.126,30	30.000	30.000	12.030
6	12.030	10.588,41	30.000	12.030	0
7					

Der Übergang zur linearen Abschreibung empfiehlt sich im vierten Jahr, weil dann die degressive Abschreibung unter 30.000 € sinkt, dem Wert der linearen Abschreibung.

Das Anlagegut ist im vorliegenden Beispiel aber bereits im sechsten Jahr abgeschrieben, obwohl die Lebensdauer der Maschine 7 Jahre beträgt. Dieses Problem wird bei der optimalen Abschreibung gelöst.

Dabei müssen Sie folgendermaßen vorgehen: Im vierten Jahr bleibt ein Restbuchwert von 72.030 €, den Sie gleichmäßig auf die verbleibenden vier Jahre verteilen. Also müssen Sie den Restbuchwert durch die verbleibenden Jahre dividieren: 72.030 €: 4 = 18.007,50 €.

Jahr	Buchwert am Jahres- anfang	Degressive	Lineare	Degressive lineare	Rest- buchwert
			Abschreibung		
1	210.000,00	63.000,00	30.000	63.000,00	147.000,00
2	147.000,00	44.100,00	30.000	44.100,00	102.900,00
3	102.900,00	30.870,00	30.000	30.870,00	72.030,00
4	72.030,00	21.609,00	30.000	18.007,50	54.022,50
5	50.421,00	15.126,30	30.000	18.007,50	36.015,00
6	35.294,70	10.588,41	30.000	18.007,50	18.007,50
7	24.706,29	7.411,89	30.000	18.007,50	0

Übergang von der geometrisch-degressiven zur optimalen Abschreibung

Leistungsabschreibung

Wenn eine Maschine im Laufe der Jahre unterschiedlich stark genutzt wird, kann sich die **Leistungsabschreibung** empfehlen. Dabei wird die Leistung der Maschine in den verschiedenen Jahren gewichtet: je mehr Leistung, desto höher die Abschreibung. So werden die gefahrenen Jahreskilometer eines Pkw in Beziehung zur geschätzten Gesamtleistung des Pkw gesehen. Der Anschaffungs- oder Herstellungswert wird durch die geschätzte Leistungsmenge dividiert.

Beispiel

Die Anschaffungskosten einer Maschine betragen 80.000 €. Die erwartete Gesamtleistung wird auf 10.000 Betriebsstunden geschätzt, davon entfallen auf das 1. Jahr 2.500, auf das 2. Jahr 2.000.

$$\text{Abschreibungsbetrag 1. Jahr} = \frac{80.000 \times 2.500}{10.000} = 20.000 \text{ €}$$

$$\text{Abschreibungsbetrag 2. Jahr} = \frac{80.000 \times 2.000}{10.000} = 16.000 \text{ €}$$

Finanzierung aus Abschreibungen

Das Unternehmen erhält die Gegenwerte der Abschreibungen aus den Verkaufserlösen wieder zurück. Die im Verlauf der Nutzung angesammelten finanziellen Mittel sollen nach Beendigung der Nutzungsdauer die Ersatzinvestition finanzieren. Ein Unternehmen verfügt vor Ersatzbeschaffung aus dem Abschreibungsrückfluss in Verbindung mit den Verkaufserlösen über **liquide Mittel**.

Die kalkulatorische Abschreibung, die über den Verkaufspreis der Fertigerzeugnisse ins Unternehmen wieder zurückfließt, steht für die Wiederbeschaffung oder Ersatzbeschaffung zur Verfügung. Die kalkulatorischen Abschreibungen sollten so hoch bemessen sein, dass auch die jahrelangen Preissteigerungen für Ersatzinvestitionen enthalten sind. Kalkulatorische Abschreibungen sollten deshalb auf der Grundlage gestiegener **Wiederbeschaffungskosten** berechnet werden.

Buchung der Abschreibungen

Die **direkte Abschreibung** wird unmittelbar auf den Anlagekonten gebucht. Der jeweilige Aktivposten wird durch die Abschreibung entsprechend niedriger bewertet. Die Restbuchwerte der Anlagegüter werden in der Schlussbilanz auf der Aktivseite ausgewiesen.

Beispiel

Der neue Firmenwagen für 50.000 € soll in 5 Jahren direkt abgeschrieben werden.

Buchungssatz

Abschreibungen auf Fuhrpark

an Fuhrpark 10.000 €

Darstellung auf Konten

Abschreibungen			
Fuhrpark	10.000	G+V	10.000

Fuhrpark			
Fuhrpark	50.000	Abschreibungen	10.000
		SB	40.000
	50.000		50.000

Der Anschaffungswert eines Anlagegutes bleibt bei der **indirekten Abschreibung** in seiner ursprünglichen Höhe auf dem betreffenden Anlagekonto stehen. Die Abschreibungen werden auf der Passivseite auf dem Konto „**Wertberichtigungen**" ausgewiesen.

Die Aktivseite weist bei der indirekten Abschreibung die ungekürzten Beträge sämtlicher Vermögensgegenstände aus, während auf der Passivseite die Abschreibungsbeträge den jeweiligen Wertberichtigungsposten zugeführt werden.

GWG und Investitionsabzug

Das Unternehmensteuerreformgesetz 2008 sieht für die Anschaffung und Herstellung beweglicher Wirtschaftsgüter den Wegfall der degressiven Abschreibung vor. Bei den geringwertigen Wirtschaftsgütern (GWG) ist zwischen privaten Überschusseinkünften und Gewinneinkünften zu trennen.

Bei den **privaten Einkünften** aus nicht selbständiger Arbeit, Kapitalvermögen, Vermietung und Verpachtung sowie den sonstigen Einkünften können wie früher Wirtschaftsgüter bis 410 € netto ohne Umsatzsteuer sofort als Werbungskosten abgezogen werden. Das Wahlrecht der Aktivierung bleibt. Das Wirtschaftsgut muss aber selbstständig nutzbar sein, z. B. der Arbeitsstuhl im häuslichen Arbeitszimmer.

Eine andere Regelung gilt bei den **Gewinneinkunftsarten**:

- Bewegliche, abnzutzbare Wirtschaftsgüter des Anlagevermögens bis 150 € netto sind im Jahr der Anschaffung abzuschreiben und als Betriebsausgaben zu erfassen. Der steuerliche Sofortabzug ist zwingend (§ 6 Abs. 2 EStG).

- Wirtschaftsgüter zwischen 150 € und 1.000 € sind in einem Sammelposten zu erfassen und gleichmäßig über eine Dauer von fünf Jahren zwingend aufzulösen.

Der **Investitionsabzug** ersetzt die Ansparabschreibung. Er ist wie eine steuerfreie Rücklage zu verstehen und dient der Erleichterung der Investitionstätigkeit von kleinen und mittleren Unternehmen. Der vorweggenommene Betriebsausgabenabzug bis zu 40 % der späteren Investition ist ein Steuervorteil. Der Abzug und die spätere Hinzurechnung erfolgen aber außerhalb des Jahresabschlusses in einer Anlage zur Steuererklärung.

Kostenrechnung und Kalkulation

Die Kostenrechnung zeigt Ihnen nicht nur, welche Kosten entstanden sind, Sie erfahren auch, wo die Kosten im Betrieb angefallen sind. Die Kalkulation verteilt die erfassten Kosten auf die verschiedenen Kostenträger, die Produkte. So können Sie feststellen, wie viel Gewinn oder Verlust Sie mit den einzelnen Produkten machen.

Kosten- und Leistungsrechnung

Die Kosten- und Leistungsrechnung ist der Teilbereich des betrieblichen Rechnungswesens, der sich mit den wirtschaftlichen Vorgängen innerhalb des Betriebes befasst. Sie übernimmt aus der Geschäftsbuchhaltung nur die Aufwendungen und Erträge, die in Verbindung zum eigentlichen Betriebszweck stehen.

Die Aufgaben der Kosten- und Leistungsrechnung sind:

- Kosten und Leistungen einer Abrechnungsperiode feststellen.
- Selbstkosten eines Stückes, einer Leistungseinheit, ermitteln.

- Wirtschaftlichkeit der Leistungserstellung und Leistungsverwertung feststellen und überwachen.
- Unfertige und fertige Erzeugnisse in der Bilanz bewerten.
- Unterlagen für Kalkulationen, Statistiken, Planungen und Entscheidungen liefern.

Kostenrechnung	
Zeitabschnittsrechnung	Leistungsrechnung
• Kostenartenrechnung	• Vorkalkulation
• Kostenstellenrechnung	• Zwischenkalkulation
• Kostenträgerrechnung	• Nachkalkulation

Kostenartenrechnung steht am Anfang

Die in einem Abrechnungszeitraum anfallenden Kosten werden in der Kostenartenrechnung nach **Kostenarten** gegliedert und erfasst. Die Kostenartenrechnung nimmt die Erfassung, Bewertung und Abgrenzung der Kosten vor.

Einzelkosten lassen sich unmittelbar den verschiedenen Kostenträgern zurechnen. Die Einzelkosten Fertigungsmaterial und Fertigungslöhne können im Industriebetrieb direkt aus der Kostenartenrechnung in die Kostenträgerrechnung übernommen werden und dort den jeweiligen Kostenträgern zugeordnet werden. Sie sind die Bezugsbasis für die Umlage der Gemeinkosten.

Kostenstellenrechnung

Gemeinkosten sind indirekte Kosten, sie sind für alle oder mehrere Produkte gemeinsam angefallen, z. B. Abschreibungen, Zinsen, Steuern. Sie werden über den Umweg der Kostenstellen den Kostenträgern zugerechnet. Die **Kostenstellenrechnung** hat die Aufgabe, die nach Kostenarten gegliederten Gemeinkosten nach dem Verursachungsprinzip auf die einzelnen Kostenstellen zu verteilen.

Kostenstellen sind meist räumlich und funktional abgegrenzte Bereiche im Betrieb, z. B. Abteilung Einkauf, Verkauf, Kundenbetreuung. Kostenstellen sind Verantwortungsbereiche. Der Kostenstellenleiter ist für die angefallenen Kosten verantwortlich.

Man unterscheidet folgende Kostenstellen:

- **Allgemeine Kostenstellen** wie z. B. Direktion, Pförtner, Kantine oder Fuhrpark erbringen Leistungen für die übrigen Kostenstellen.
- **Hilfskostenstellen** sind für Hauptkostenstellen tätig. Im Industriebetrieb erbringen z. B. die Fertigungshilfsstellen Arbeitsvorbereitung, Werkzeugbau und Reparaturwerkstätten bestimmte Leistungen für die Hauptkostenstelle Fertigung.
- **Hauptkostenstellen** sind im Industriebetrieb Material, Fertigung, Verwaltung und Vertrieb.

Werden im Betriebsabrechnungsbogen (BAB) nur die Hauptkostenstellen Material, Fertigung, Verwaltung und Vertrieb aufgeführt, dann spricht man vom einstufigen BAB. Die Gemeinkosten, die sich einem Produkt nicht direkt zuordnen lassen, werden im BAB auf die Hauptkostenstellen verteilt. Dies kann an Hand von Belegen oder über sogenannte Verteilungsschlüssel erfolgen, z. B. nach der Zahl der Beschäftigten, den verbrauchten Mengen, der beanspruchten Fläche.

Die Gemeinkosten können nur indirekt über den BAB und die Bildung von **Zuschlagssätzen** anteilig auf die einzelnen Produkte des Unternehmens verrechnet werden.

Betriebsabrechnungsbogen (BAB)				
Kostenarten	**Hauptkostenstellen**			
	Material	**Fertigung**	**Verwaltung**	**Vertrieb**
Abschreibungen	...	...	...	...
Gehälter				
Sozialkosten				
Steuern				
Miete				
Summe	...	...	...	...

Der Materialbereich umfasst insbesondere Rohstoff-, Hilfsstoff- und Betriebsstofflager und Einkauf. Die hier angefallenen Kosten sind **Materialgemeinkosten**. Sie werden zu den Rohstoffkosten, dem Fertigungsmaterial, in Beziehung gesetzt. Der Quotient ist der Materialgemeinkostenzuschlagssatz. Die Materialgemeinkosten werden in Prozent der Materialeinzelkosten angegeben.

$$\text{Materialgemeinkostenzuschlagssatz} = \frac{\text{Materialgemeinkosten x 100}}{\text{Fertigungsmaterial}}$$

Entsprechend ermitteln Sie den Fertigungsgemeinkostenzuschlagssatz. Die Kosten des Fertigungsbereichs umfassen Fertigungsabteilungen, Arbeitsvorbereitung, Entwicklungsabteilung und Reparaturwerkstätten. Die hier angefallenen

Gemeinkosten, die **Fertigungsgemeinkosten**, müssen Sie in Beziehung zu den Fertigungslöhnen setzen.

$$\text{Fertigungsgemeinkostenzuschlagssatz} = \frac{\text{Fertigungsgemeinkosten} \times 100}{\text{Fertigungslöhne}}$$

Bezugsgrundlage können auch die Stoffkosten sein. Diese erhalten Sie, wenn Sie zum Fertigungsmaterial noch die Materialgemeinkosten addieren. Die Fertigungsgemeinkosten können Sie also in Prozent der Stoffkosten oder der Lohneinzelkosten angeben.

$$\text{Fertigungsgemeinkostenzuschlagssatz} = \frac{\text{Fertigungsgemeinkosten} \times 100}{\text{Stoffkosten}}$$

Die **Verwaltungs- und Vertriebsgemeinkosten** werden in Prozent der Herstellkosten genannt und entsprechend auf die Produkte umgelegt.

$$\text{Verwaltungsgemeinkostenzuschlagssatz} = \frac{\text{Verwaltungsgemeinkosten} \times 100}{\text{Herstellkosten}}$$

$$\text{Vertriebsgemeinkostenzuschlagssatz} = \frac{\text{Vertriebsgemeinkosten} \times 100}{\text{Herstellkosten}}$$

Die im BAB ermittelten Material-, Fertigungs-, Verwaltungs- und Vertriebsgemeinkosten werden mit Hilfe der Gemeinkostenzuschlagssätze auf die verschiedenen Erzeugnisse des Unternehmens verteilt.

Kostenträgerrechnung

Die Kostenträgerrechnung ermittelt in der Vollkostenrechnung die gesamten für einen Kostenträger angefallenen

Kosten. Sie stellt fest, wie hoch die Kosten einzelner Produkte oder ganzer Warengruppen sind.

Die Kostenträgerrechnung ist sowohl eine **Gesamtkalkulation** wie auch eine **Stückkalkulation**. Je nachdem, wann eine Kalkulation durchgeführt wird, spricht man von Vor-, Zwischen-und Nachkalkulation.

- Die **Vorkalkulation** oder **Angebotskalkulation** berechnet den Angebotspreis, der alle Kosten einschließlich Gewinnzuschlag enthält. Im Baugewerbe spricht man vom Kostenvoranschlag.

- Die **Zwischenkalkulation** wird bei langen Fertigungszeiten durchgeführt und hat die Aufgabe, festzustellen, inwieweit die in der Vorkalkulation ermittelten Werte mit den bereits entstandenen Ist-Kosten übereinstimmen.

- Die **Nachkalkulation** wird nach Durchführung des Auftrags erstellt. Die Nachkalkulation wird mit der Angebotskalkulation verglichen.

Kalkulation in der Industrie

Die **Zuschlagskalkulation** setzt eine Trennung in Einzel-, Sondereinzel- und Gemeinkosten voraus. Ihr Grundgedanke ist, die einzelnen Produkte mit den ihnen unmittelbar zurechenbaren Kosten, den Einzelkosten, direkt zu belasten. Die restlichen Kosten, die Gemeinkosten, können nur indirekt auf die Produkte umgelegt werden.

Kalkulationsschema der Industrie	
Fertigungsmaterial	€
+ Materialgemeinkosten v. H.	€
= Materialkosten	€
+ Fertigungslohn	€
+ Fertigungsgemeinkosten v. H.	€
+ Sondereinzelkosten der Fertigung	€
= **Herstellkosten**	€
+ Verwaltungsgemeinkosten v. H.	€
+ Vertriebsgemeinkosten v. H.	€
+ Sondereinzelkosten des Vertriebs	€
= **Selbstkosten**	€
+ Gewinn v. H.	€
= **Barverkaufspreis**	€
+ Kundenskonto i. H.	€
+ Vertreterprovision i. H.	€
= Zielverkaufspreis	€
+ Kundenrabatt i. H.	€
= Nettoverkaufspreis	€
+ Umsatzsteuer v. H.	€
= **Bruttoverkaufspreis**	€

Hinweis: v. H. = vom Hundert = Prozentrechnung vom Grundwert
i. H. = im Hundert = Prozentrechnung vom verminderten Grundwert

Kalkulation im Handel

Die Handelskalkulation ermittelt in der **Einkaufskalkulation** den Einstands- oder Bezugspreis. Der Kaufmann weiß dann, was ihn die Ware kostet, bis sie im Lager ist.

Die **Einstandspreise** der einzelnen Waren- oder Artikelgruppen sind im Handel die Einzelkosten, auf die anteilig die Gemeinkosten über den Handlungsgemeinkostenzuschlagssatz verrechnet werden.

Die **Allgemeinen Handlungskosten**, auch Betriebs- und Geschäftskosten genannt, sind Gemeinkosten und enthalten eine Vielzahl von Kosten, z. B. Raumkosten, Personalkosten, Versicherungen, Miete, Kosten des Fuhrparks. Sie werden über den **Handlungskostenzuschlag** auf die einzelnen Waren umgelegt.

	Kalkulationsschema des Handels	
	Einkaufspreis	€
–	Lieferrabatt v. H.	€
=	Zieleinkaufspreis	€
–	Liefererskonto v. H.	€
+	Einkaufskosten	€
=	Bareinkaufspreis	€
+	Bezugskosten	€
=	**Einstandspreis** (Bezugspreis)	€
+	Handlungskostenzuschlag v. H.	€
=	**Selbstkosten**	€

+	Gewinn v. H.	€
=	**Barverkaufspreis**	€
+	Kundenskonto i. H.	€
=	Zielverkaufspreis	€
+	Kundenrabatt i. H.	€
=	Nettoverkaufspreis	€
+	Umsatzsteuer v. H.	€
=	**Bruttoverkaufspreis**	€

Hinweis: v. H. = vom Hundert, i. H. = im Hundert

Beispiel

Ein Angebot lautet:

Stückpreis (netto) 177 €, 15 %

Lieferantenrabatt, frachtfrei

3 % Skonto bei Zahlung innerhalb von 14 Tagen.

Wie hoch ist der Einstandspreis?

	Einkaufspreis	177,00 €
–	Lieferrabatt v. H.	26,55 €
	Einkaufspreis	150,45 €
–	Lieferantenskonto	4,50 €
	Bareinkaufspreis	145,95 €
=	Einstandspreis (da frachtfrei)	

Die **Verkaufskalkulation** ermittelt vom Einstandspreis ausgehend die Selbstkosten durch das Zurechnen der Handlungskosten. Die Verkaufskalkulation ermittelt dann weiter durch die Berücksichtigung von Gewinnzuschlag, Kundenskonto und Kundenrabatt den Verkaufspreis.

Eine Vereinfachung der Handelskalkulation erfolgt durch den **Kalkulationszuschlag**. Der Kalkulationszuschlag beinhaltet die Sätze für Handlungskosten, Gewinn und die Verkaufszuschläge. Die Differenz zwischen Verkaufspreis und Einstandspreis ist der Rohgewinn.

$$\text{Kalkulationszuschlag} = \frac{\left(\text{Verkaufspreis} - \text{Einstandspreis}\right) \times 100}{\text{Einstandspreis}}$$

Der Rohgewinn in Prozent des Verkaufspreises ist die **Handelsspanne**.

$$\text{Handelsspanne} = \frac{\left(\text{Verkaufspreis} - \text{Einstandspreis}\right) \times 100}{\text{Verkaufspreis}}$$

Der Prozentsatz der Handelsspanne ist kleiner als der des Kalkulationszuschlages, da der Verkaufspreis im Nenner größer als der Einstandspreis ist.

Deckungsbeitragsrechnung

Die Deckungsbeitragsrechnung belastet die Produkte eines Unternehmens nur mit den direkt zurechenbaren Kosten. In bestimmten Situationen kommt diese zu anderen Ergebnissen als die Vollkostenrechnung, da die Kostenarten in Einzelkosten und Gemeinkosten sowie fixe und variable Kosten aufgespaltet werden. Das Führungsinstrument der Deckungsbeitragsrechnung sollten Sie deshalb nutzen, gerade bei schlechter Auslastung der Kapazitäten kann es eine wichtige Hilfe sein.

Vollkostenrechnung

Die **Vollkostenrechnung** erfasst und verrechnet alle entstandenen Kosten. Einzelkosten und Gemeinkosten werden in der Kostenrechnung auf die Kostenträger, die Produkte, verrechnet (Kapitel Kostenrechnung und Kalkulation, Seite 93).

Die Vollkostenrechnung nimmt keine Trennung in fixe und variable Kosten vor. Dies bedeutet, dass die fixen Gemeinkosten auch aus den Erlösen der Kostenträger gedeckt werden

müssen, wenn der Absatz stark abgenommen hat. Bei rückläufiger Nachfrage müssten bei der Vollkostenrechnung eigentlich die Verkaufserlöse erhöht werden, da die vorhandenen
fixen Kosten jetzt auf weniger Produkte verteilt werden. Dies
lässt aber die Marktlage gerade in schwierigen Zeiten nicht zu.

Mängel der Vollkostenrechnung:

1. Die Verteilung der Gemeinkosten auf die Kostenstellen und die Weiterverrechnung der Kostenstellengemeinkosten auf die Kostenträger
   ist schwierig und ungenau. Die Problematik liegt in den Verteilungsschlüsseln.
2. Fixe und variable Kostenträgergemeinkosten werden mit Hilfe von Zuschlagssätzen auf die Kostenträger verteilt. Es wird so eine direkte
   Verbindung zwischen Zuschlagsbasis (z. B. Fertigungsmaterial) und
   Materialgemeinkosten angenommen.
3. Die Vollkostenrechnung belastet bei Unterbeschäftigung die Produkte
   mit anteiligen Leerkosten. Dies wirkt sich stark auf die Gewinne der
   Produkte aus.

Beispiel 1: Verrechnung der Gemeinkosten auf die Kostenträger bei guter Geschäftslage nach der Vollkostenrechnung

 Ein Handelsunternehmen vertreibt die Warengruppen A, B und C. Es wird mit einem globalen Handlungskostenzuschlagssatz von 33 $\frac{1}{3}$ % gerechnet.

	A	B	C	Summe
Einstandspreis	150.000	300.000	210.000	660.000
+ Hkz 33$\frac{1}{3}$ %	**50.000**	**100.000**	**70.000**	**220.000**
Selbstkosten	200.000	400.000	280.000	880.000
+ Gewinn	**50.000**	**100.000**	**28.000**	**178.000**
Barverkaufspreis	250.000	500.000	308.000	1.058.000

Ein abrupter Rückgang der Nachfrage auf die Hälfte hätte dann auch eine Halbierung der Einstandspreise zur Folge. Angenommen, die Gemeinkosten wären zu 80 % fix, dann müsste das Unternehmen trotz Halbierung der Verkäufe weiterhin mit hohen Gemeinkosten rechnen. Die Gemeinkosten betragen 220.000 €, da aber 80 % fix sind, also nur 20 % variable Kosten sind, gingen sie lediglich um 10 % auf 198.000 € zurück.

Beispiel 2: Verrechnung der Gemeinkosten auf die Kostenträger bei Halbierung der Umsätze nach der Vollkostenrechnung

Einstandspreis	75.000	150.000	105.000	330.000
+ Hkz	**45.000**	**90.000**	**63.000**	**198.000**
Selbstkosten	120.000	240.000	168.000	528.000
+ Gewinn	**5.000**	**10.000**	**–14.000**	**1.000**
Verkaufspreis	125.000	250.000	154.000	529.000

Die Geschäftsführung würde aufgrund dieser Daten bei ausschließlicher Anwendung der **Vollkostenrechnung** den Verkauf der Warengruppe C einstellen, da sie einen Verlust von 14.000 € ausweist. Der Gesamtgewinn stiege folglich um 14.000 € auf 15.000 €. Dieser Gedankengang scheint zwingend. Er ist aber trotzdem falsch, da die Existenz der fixen Kosten nicht berücksichtigt wird.

Zu ähnlichen Fehlentscheidungen kommt es in der Vollkostenrechnung, wenn Zusatzaufträge, die unter den Selbstkosten liegen, einfach abgelehnt werden.

Deckungsbeitragsrechnung

Die **Deckungsbeitragsrechnung** belastet die Kostenträger nur mit den direkt zurechenbaren Kosten. Die fixen Kosten werden „en bloc" ins Betriebsergebnis übernommen. Die direkt zurechenbaren Kosten sind Einzelkosten.

Der **Deckungsbeitrag** ist die Summe, die ein Kostenträger (z. B. ein Produkt, ein Auftrag, ein Kunde) zur Deckung der fixen Kosten bzw. zur Gewinnerzielung beiträgt. Der Deckungsbeitrag ergibt sich, wenn vom Erlös die direkt zurechenbaren Kosten abgezogen werden.

Die verursachungsgerechte Verrechnung der Kosten auf die Kostenstellen und insbesondere die Kostenträger hat in der Deckungsbeitragsrechnung große Bedeutung.

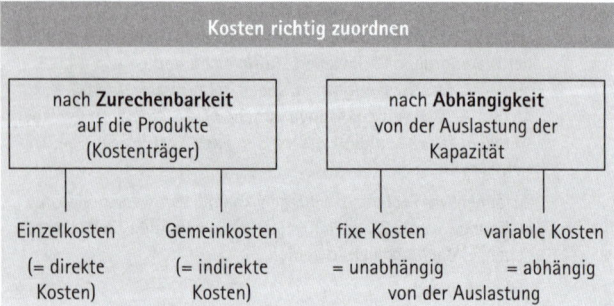

Nehmen wir an, dass im zuvor besprochenen Beispiel Einzelkosten in Höhe von 660.000 € anfallen und 20 % der Gemeinkosten variabel sind, dann ergibt sich die folgende Rechnung für die Warengruppen A bis C.

Beispiel 3: Kosten zuordnen nach der Deckungs-
beitragsrechnung bei guter Geschäftslage

Einzelkosten sind: Einstandspreis	150.000	300.000	210.000	660.000
Gemeinkosten sind: Handlungskosten	50.000	100.000	70.000	220.000
80 % Gemein- kosten sind **Fixkosten**	40.000	80.000	56.000	176.000
Einzelkosten	150.000	300.000	210.000	660.000
+ 20 % Gemeinkosten	**10.000**	**20.000**	**14.000**	**44.000**
= variable Kosten	160.000	320.000	224.000	704.000

Die Warengruppe, die den höchsten **Deckungsbeitrag** erzielt, sollte besonders gefördert werden. Sie leistet dann einen Beitrag zur Abdeckung der fixen Kosten des Unternehmens.

Wenn eine Warengruppe oder ein Produkt keinen positiven Deckungsbeitrag erzielt, dann deckt es nicht einmal die von ihm unmittelbar verursachten Kosten.

Der **Deckungsbeitrag I** berücksichtigt nur Einzelkosten bzw. variable Kosten. Im Deckungsbeitrag I sind also nie Gemein- kosten bzw. fixe Kosten enthalten.

Die Aussagefähigkeit der Deckungsbeitragsrechnung wird erhöht, wenn man die fixen Kosten gesondert erfasst, die sich einzelnen Warengruppen (bzw. im Industriebetrieb einzelnen Produkten) verursachungsgerecht zurechnen lassen.

	Deckungsbeitrag I
–	erzeugnisfixe Kosten des Produktes
=	Deckungsbeitrag II

Angenommen, 50 % der fixen Kosten der Warengruppen A, B und C ließen sich unmittelbar auf die Warengruppen zurechnen, dann ergibt sich folgende Situation.

Beispiel 4: Deckungsbeiträge I und II der Warengruppen A, B und C bei voller Auslastung

	A	B	C	Summe
Verkaufserlöse	250.000	500.000	308.000	1.058.000
– variable Kosten	**160.000**	**320.000**	**224.000**	**704.000**
Deckungsbeitrag I	90.000	180.000	84.000	354.000
– fixe Kosten der Warengruppen	**20.000**	**40.000**	**28.000**	**88.000**
Deckungsbeitrag II	70.000	140.000	56.000	266.000
– unternehmens-fixe Kosten				88.000
Betriebsergebnis				178.000

> Wenn ein Produkt keinen positiven Deckungsbeitrag I erzielt, dann trägt das Produkt nicht einmal die von ihm unmittelbar verursachten Kosten. Ein solches Produkt ist aus dem Verkaufsprogramm zu streichen. Ein Produkt, das einen positiven Deckungsbeitrag erwirtschaftet, insbesondere einen positiven Deckungsbeitrag II, leistet auch einen Beitrag zur Abdeckung der unternehmensfixen Kosten.

Das Beispiel 4 entspricht Beispiel 1 (Seite 104), nur haben wir in Beispiel 1 die Vollkostenrechnung durchgeführt, in Beispiel 4 dagegen eine Deckungsbeitragsrechnung. Bei der

Vollkostenrechnung verrechnen Sie alle Gemeinkosten auf die Produkte. Bei der Teilkostenrechnung machen Sie dies nur, wenn Sie die Gemeinkosten dem Produkt direkt zurechnen können.

Im **Deckungsbeitrag II** werden die direkt zurechenbaren Gemeinkosten bzw. fixen Kosten eines Produktes berücksichtigt. Der Deckungsbeitrag II ist eine Weiterentwicklung der Deckungsbeitragsrechnung, die eine genauere Analyse ermöglicht. Die den einzelnen Warengruppen A, B und C direkt zurechenbaren fixen Kosten wurden verrechnet. Solche fixen Kosten der Warengruppen sind z. B.:

- Gehalt des Abteilungsleiters der Warengruppe A bzw. B
- Mitarbeiter der Warengruppe A (entsprechend B, C)
- Miete für das Gebäude, z. B. der Warengruppe A

Fixe Kosten, die keinen Warengruppen direkt zurechenbar sind, werden als unternehmensfixe Kosten erfasst und nicht verteilt, z. B.

- Gehalt des Geschäftsführers des Unternehmens
- Sekretariat und Personalabteilung
- Rechtsabteilung, Stabsabteilungen
- Buchhaltung, Kalkulation
- Werbeabteilung

Die Auswirkungen eines abrupten Rückganges der Nachfrage (das Umsatzvolumen geht um die Hälfte zurück) sollen jetzt mit den Instrumenten der Deckungsbeitragsrechnung analysiert werden.

Die Verkäufe betragen 1.058.000 € und die Gemeinkosten 220.000 € (siehe Beispiel 1, Seite 104). Von den Gemeinkosten sind zu 80 % = 176.000 € fix und 20 % = 44.000 € variabel. Bei einer Halbierung der Verkäufe auf 529.000 € betragen die Gemeinkosten 198.000 €, davon sind 176.000 € fix und 22.000 € variabel (Beispiel 2, Seite 105).

Beispiel 5: Kosten zuordnen nach der Deckungsbeitrags-
rechnung bei Halbierung der Umsätze

Einzelkosten	75.000	150.000	105.000	330.000
Gemeinkosten	45.000	90.000	63.000	198.000
– davon fix	40.000	80.000	56.000	176.000
– davon variabel	5.000	10.000	7.000	22.000
Summe variable Kosten (Einzelkosten + variable Gemein- kosten	80.000	160.000	112.000	352.000

Das folgende Beispiel entspricht Beispiel 2, bei dem wir die Vollkostenrechnung angewendet hatten.

Beispiel 6: Deckungsbeiträge I und II der Warengruppen A, B und C bei Halbierung der Umsätze

Verkaufserlöse	125.000	250.000	154.000	529.000
– variable Kosten	**80.000**	**160.000**	**112.000**	**352.000**
Deckungsbeitrag I	45.000	90.000	42.000	177.000
– 50 % fixe Kosten der **Warengruppen**	**20.000**	**40.000**	**28.000**	**88.000**
Deckungsbeitrag II	25.000	50.000	14.000	89.000
– unternehmens- fixe Kosten				**88.000**
Betriebsergebnis				1.000

Die fixen Kosten in Höhe von 176.000 € lassen sich verursachungsgerecht mit 88.000 € auf die Warengruppen A, B und C zurechnen. 88.000 € sind **unternehmensfixe Kosten**, die sich nicht verursachungsgerecht bestimmten Warengruppen zurechnen lassen. Sie werden als Summe von den Deckungsbeiträgen II abgezogen und über das Betriebsergebnis verrechnet.

Schlussfolgerungen

Die Warengruppe C stellt die ertragsschwächste Gruppe dar, erwirtschaftet aber immer noch einen positiven Deckungsbeitrag (42.000 € Deckungsbeitrag I und 14.000 € Deckungsbeitrag II). Die Warengruppe C würde man bei einer Betrachtung auf der Basis der Vollkostenrechnung streichen, da diese Warengruppe einen Verlust von 14.000 € erwirtschaftet (vgl. Beispiel 2 Verteilung der Gemeinkosten bei Halbierung der Umsätze, Seite 105).

Die Deckungsbeitragsrechnung sieht diesen Sachverhalt anders, gleichgültig, ob sie in der Form von Einzelkosten und Gemeinkosten oder als variable und fixe Kosten durchgeführt wird.

Wenn die Warengruppe C aus dem Verkaufsprogramm ausscheidet, dann vermindern sich die variablen Kosten um 112.000 € (105.000 € Einzelkosten und 7.000 € Gemeinkosten). Da 80 % der Gemeinkosten des Produktes C in Höhe von 56.000 € (80 % von 70.000 €) aber fixe Kosten sind, müssen diese dann von den anderen Warengruppen getragen werden.

Das Unternehmen erwirtschaftet mit Warengruppe C einen Gewinn von 1.000 €. Ohne C ergibt sich ein Verlust von 13.000 €. Es ergibt sich eine Differenz von 14.000 €. Der Deckungsbeitrag II von C ist 14.000 €, den diese Warengruppe zum Unternehmensergebnis beiträgt.

Die Streichung der Warengruppe C aus dem Verkaufsprogramm wäre also ein Fehler. Was man der Unternehmensleitung aber empfehlen könnte, das wäre eine stärkere Forcierung der Warengruppen A und B.

Kennzahlen

Mit Kennzahlen können Sie die vielen Daten des Unternehmens verarbeiten und verdichten. Nicht nur das Sammeln von Daten im Rechnungswesen und den verschiedenen Fachbereichen ist wichtig, ebenso ist es das Aufbereiten und Auswerten dieser Daten. Sie verfügen mit Kennzahlen über mehr Informationen und treffen bessere Entscheidungen in der Materialwirtschaft, in der Fertigung, im Verkauf, im Finanzwesen und im Personalbereich. Mit Bilanzkennzahlen lassen sich Bilanzen auswerten.

Vermögen *(assets)*

Die verschiedenen Positionen einer **Bilanz** können Sie zu Hauptpositionen zusammenfassen: Sachanlagen, Finanzanlagen, Vorräte, Forderungen und flüssige Mittel auf der Aktivseite, entsprechend auf der Passivseite Eigenkapital, langfristiges und kurzfristiges Fremdkapital. Sachanlagen und Finanzanlagen bilden das Anlagevermögen, das dem Unternehmen langfristig zur Verfügung steht. Gebäude, Grundstücke, Maschinen sowie Betriebs- und Geschäftsausstattung sind Sachanlagen, während Beteiligungen und Tochtergesellschaften in der Bilanz als „Finanzanlagen" ausgewiesen werden. Das Anlagevermögen ist langfristig zu finanzieren.

Die **Anlagenintensität** ist das Verhältnis von Anlagevermögen zum gesamten Vermögen, Anlagevermögen in Prozent der Bilanzsumme. Die **Sachanlagenintensität** misst die Sachanlagen in Prozent der Bilanzsumme.

$$\text{Anlagenintensität} = \frac{\text{Anlagevermögen x 100}}{\text{Gesamtvermögen}(= \text{Bilanzsumme})}$$

Eine hohe Anlagenintensität erfordert ebenfalls einen hohen Anteil an Eigenkapital bzw. langfristigem Fremdkapital am Gesamtkapital.

Die Anlagenintensität unterscheidet sich je nach Wirtschaftszweig und ist von betrieblichen Faktoren abhängig. Je höher das Anlagevermögen im Verhältnis zum Umlaufvermögen ist, desto höher ist die Belastung mit fixen Kosten, insbesondere Abschreibungen, Zinsen.

Alle Vermögensposten, die sich rasch ändern, weil sie laufend im Betriebsprozess verändert werden, zählen zum **Umlaufvermögen**: Vorräte, Forderungen, flüssige Mittel. Die **Umlaufintensität** ist das Verhältnis Umlaufvermögen zum Gesamtvermögen. Ein Unternehmen mit einer hohen Umlaufintensität kann auch in größerem Umfang mit kurzfristigem Fremdkapital arbeiten.

$$\text{Umlaufintensität} = \frac{\text{Umlaufvermögen x 100}}{\text{Gesamtvermögen}\left(= \text{Bilanzsumme}\right)}$$

Materialintensive Betriebe haben einen hohen Lagerbestand und sind daher **vorratsintensiv**. Lagerhaltungskosten spielen hier eine wichtige Rolle. Ein hoher Anteil der Bilanzsumme entfällt im Einzelhandel auf das Warensortiment und das Warenlager.

$$\text{Vorratsintensität} = \frac{\text{Vorräte x 100}}{\text{Gesamtvermögen}}$$

Interessante Erkenntnisse bringt ein Vergleich der Vorrats-intensität mit einem oder mehreren Unternehmen derselben Branche. Sie können dann sehen, ob die Vorräte im Vergleich zur Branche zu groß sind.

Kapitalstruktur *(capital structure)*

Eine Analyse des Passivseite zeigt, wie sich das Gesamtkapi-tal in Eigen- und Fremdkapital gliedert und wie sich das Fremdkapital aus langfristigem und kurzfristigem zusammen-setzt. Zum Eigenkapital gehören Grundkapital (Stammkapi-tal), Rücklagen und Gewinn.

Eine **Eigenkapitalquote** von 55 % besagt, dass das Unter-nehmen zu 55 % mit eigenen Mitteln finanziert ist, was als hoch gilt. Je höher die Eigenkapitalquote, desto größer ist die finanzielle Stabilität und Kreditwürdigkeit eines Unterneh-mens.

$$\text{Eigenkapitalquote} = \frac{\text{Eigenkapital} \times 100}{\text{Gesamtkapital} \ (= \text{Bilanzsumme})}$$

Beim **Anspannungsgrad** wird das Fremdkapital in Relation zur Bilanzsumme gesetzt. Ein Anspannungsgrad von 45 % bedeutet damit, dass 45 % des gesamten Kapitals auf Fremdkapital entfällt. Entscheidend ist, dass das Risiko für das Unternehmen zunimmt, wenn der Anteil des Fremdkapitals am Gesamtkapital größer wird.

$$\text{Anspannungsgrad} = \frac{\text{Fremdkapital} \times 100}{\text{Gesamtkapital}}$$

Beim Fremdkapital spielt aber auch die Zusammensetzung von langfristigem und kurzfristigem Kapital eine wichtige Rolle. Sie sollten deshalb den Anteil des **langfristigen Fremdkapitals** am gesamten Fremdkapital feststellen. Ein hoher Anteil des langfristigen Fremdkapitals am gesamten Fremdkapital bedeutet mehr Sicherheit, da letzteres oft wie Eigenkapital langfristig dem Unternehmen zur Verfügung steht.

$$\text{langfristiges Fremdkapital in \%} = \frac{\text{langfristiges Fremdkapital} \times 100}{\text{gesamtes Fremdkapital}}$$

Der **Verschuldungsgrad** oder Verschuldungskoeffizient ist eine Gegenüberstellung von Fremdkapital zu Eigenkapital.

$$\text{Verschuldungsgrad} = \frac{\text{Fremdkapital}}{\text{Eigenkapital}}$$

Ein Verschuldungsgrad von kleiner als 1 sagt Ihnen, dass das Fremdkapital kleiner als das Eigenkapital ist. Konkret bedeutet ein Verschuldungskoeffizient von 0,5, dass das Fremdkapital nur halb so groß wie das Eigenkapital ist.

Der Verschuldungsgrad macht dieselbe Aussage wie die Gegenüberstellung von Eigenkapital zu Fremdkapital. Die sogenannte „„klassische Regel" setzt eine **Relation von Eigenkapital zu Fremdkapital** von mindestens 1 : 1 voraus, d. h., die Schulden dürfen nicht größer sein als das Eigenkapital. Das Eigenkapital steht dem Unternehmen langfristig zur Verfügung und ist stets Haftungsbasis.

Finanzierung *(financing)*

Für die Finanzierung ist das Verhältnis von langfristig gebundenem Vermögen zum Eigenkapital bzw. dem langfristigen Kapital wichtig. Die Kennzahl **Anlagendeckung** ist das Verhältnis Eigenkapital zu Anlagevermögen.

$$\text{Anlagendeckung I} = \frac{\text{Eigenkapital} \times 100}{\text{Anlagevermögen}}$$

Die Anlagendeckung II ist eine Gegenüberstellung von Anlagevermögen und langfristigem Kapital. Das gesamte Anlagevermögen ist nach der „**Goldenen Bilanzrege**l" durch Eigenkapital bzw. bzw. langfristiges Fremdkapital zu finanzieren.

$$\text{Anlagendeckung II} = \frac{(\text{Eigenkapital} + \text{langfr. Fremdkapital}) \times 100}{\text{Anlagevermögen}}$$

Die Anlagendeckung III bezieht das langfristig gebundene Umlaufvermögen, insbesondere den sogenannten eisernen

Bestand, in die Analyse ein. Der Mindestbestand an Vorräten sollte ebenfalls langfristig finanziert werden.

$$\text{Anlagendeckung III} = \frac{(\text{Eigenkapital} + \text{langfr. Fremdkapital}) \times 100}{\text{Anlagevermögen} + \text{langfr. Umlaufvermögen}}$$

Die „**Goldene Finanzierungsregel**" verlangt, dass die Fristen der Kapitalverwendung (= Investierung) mit den Fristen der Kapitalbeschaffung (= Finanzierung) übereinstimmen. Das Anlagevermögen und das dauernd gebundene Umlaufvermögen, der eiserne Bestand, sind durch Eigenkapital und/oder langfristiges Fremdkapital zu finanzieren.

Die Finanzanalyse bedient sich ferner des **Verschuldungsfaktors**, der Beziehung Gesamtverschuldung zum Cash flow eines Jahres. Der Cash flow (engl. für Geldzufluss) umfasst außer dem Gewinn auch die Abschreibungen und die Zuführungen zu den Rücklagen und Rückstellungen.

$$\text{Verschuldungsfaktor} = \frac{\text{Gesamtverschuldung}}{\text{Cash flow}}$$

Der Verschuldungsfaktor informiert Sie, in wie viel Jahren der Cash flow alle Schulden abbauen kann.

Liquiditätsgrade
(liquidity indicators)

Liquidität ist die Fähigkeit, an einem bestimmten Zeitpunkt alle Zahlungsverpflichtungen erfüllen zu können. Die flüssigen Mittel und andere Positionen des Umlaufvermögens werden in den **Liquiditätsgraden** in Beziehung zu den kurzfristigen Verbindlichkeiten gesetzt.

Die Liquidität ersten Grades (Barliquidität) zeigt die **kurzfristige** Zahlungsfähigkeit. Sie stellt die flüssigen Mittel in Beziehung zu den kurzfristigen Verbindlichkeiten. Kasse, Postscheckguthaben, Sicht- und Termineinlagen bei Banken sowie diskontfähige Wechsel sind flüssige Mittel.

$$\text{Liquidität ersten Grades} = \frac{\text{flüssige Mittel} \times 100}{\text{kurzfristige Verbindlichkeiten}}$$

Die Liquidität zweiten Grades oder einzugsbedingte Liquidität ist das Verhältnis des kurzfristigen Umlaufvermögens zu den kurzfristigen Verbindlichkeiten und bedeutet **mittelfristige** Zahlungsfähigkeit. Das kurzfristige Umlaufvermögen umfasst flüssige Mittel und kurzfristige Forderungen.

$$\text{Liquidität zweiten Grades} = \frac{\text{kurzfristiges Umlaufvermögen} \times 100}{\text{kurzfristige Verbindlichkeiten}}$$

Die Liquidität dritten Grades ist die Gegenüberstellung des gesamten Umlaufvermögens zu den kurzfristigen Verbindlichkeiten und bedeutet **langfristige** Zahlungsfähigkeit. Sie wird auch als umsatzbedingte Liquidität bezeichnet. Eine umsatzbedingteLiquidität von 150 bis 200 % ist als hoch einzustufen.

$$\text{Liquidität dritten Grades} = \frac{\text{gesamtes Umlaufvermögen} \times 100}{\text{kurzfristige Verbindlichkeiten}}$$

Erfolgskennzahlen
(performance measures)

Produktivität, Wirtschaftlichkeit und Rentabilität sind Messgrößen zur Leistungsbeurteilung. Die **Produktivität** zeigt die mengenmäßige oder technische Wirtschaftlichkeit. Leistungseinsatz (z. B. Materialeinsatz) und Leistungsergebnis, die Ausbringung, werden ins Verhältnis gesetzt.

$$\text{Produktivität} = \frac{\text{Ausbringungsmenge (Stück, m, kg, l)}}{\text{Einsatz von Material, Arbeitszeit, Kapital}}$$

$$\text{Arbeitsproduktivität} = \frac{\text{Ausbringungsmenge}}{\text{geleistete Arbeitsstunden}}$$

Die **Anlagenproduktivitä**t gewinnt mit zunehmender Mechanisierung und Automatisierung an Aussagekraft.

$$\text{Anlagenproduktivität} = \frac{\text{Ausbringungsmenge}}{\text{gefahrene Maschinenstunden}}$$

Wirtschaftlichkeit ist das Verhältnis von Ertrag zu Aufwand bzw. Leistungen zu Kosten. Während die Produktivität eine rein technische Gegenüberstellung von Mengen ist, wobei Preise keine Rolle spielen, berücksichtigt die Wirtschaftlichkeit Marktpreise.

$$\text{Wirtschaftlichkeit} = \frac{\text{Erträge}}{\text{Aufwendungen}}$$

Eine **Unternehmung** arbeitet **wirtschaftlich**, wenn *Erträge > Aufwendungen* sind. Die Wirtschaftlichkeit ist damit gegeben, wenn diese Kennzahl größer als 1 ist.

Rentabilität ist die Relation von Gewinn zu Kapitaleinsatz bzw. Umsatz. Bei der **Kapitalrentabilität** können das Eigen kapital und das Gesamtkapital Bezugsgröße sein. Das im Geschäftsjahr durchschnittlich eingesetzte Kapital wird in Beziehung zum Reingewinn gesetzt.

Die **Eigenkapitalrentabilität** setzt den Reingewinn zum Eigenkapital in Beziehung. Es ergibt sich die Verzinsung des Eigenkapitals.

$$\text{Eigenkapitalrentabilität} = \frac{\text{Gewinn (Verlust)} \times 100}{\text{Eigenkapital}}$$

Bei der **Gesamtkapitalrentabilität** oder **Unternehmensrentabilität** wird der Reingewinn einschließlich Zinsaufwand zum Gesamtkapital ins Verhältnis gesetzt. Die Leistungsfähigkeit des Unternehmens wird so deutlicher als bei der Rentabilität des Eigenkapitals.

$$\text{Gesamtkapitalrentabilität} = \frac{(\text{Gewinn + Fremdkapitalzinsen}) \times 100}{\text{Gesamtkapital}}$$

Umsatzrentabilität ist das Verhältnis vom Unternehmensgewinn bzw. -verlust zum Jahresumsatz.

$$\text{Umsatzrentabilität} = \frac{\text{Unternehmensgewinn (Verlust)} \times 100}{\text{Umsatz}}$$

Die Umsatzrentabilität zeigt Ihnen, in welcher Relation der Gewinn zum Geschäftsvolumen steht. Die Unternehmensleitung sollte bestrebt sein, nicht nur einen hohen Umsatz, sondern auch eine hohe Umsatzrendite zu erzielen.

Cash flow–Kennzahlen
(key cash flow indicators)

Die summarische Kennzahl „Cash flow" zeigt Veränderungen der Finanz- und Ertragskraft eines Unternehmens deutlicher als der Gewinn, da die Abschreibungen im Cash flow enthalten sind.

Das Verhältnis vom Cash flow zum Eigenkapital oder Gesamtkapital zeigt Ihnen, wie viel Prozent des Eigen- oder Gesamtkapitals in einer Geschäftsperiode als Finanzierungsmittel zugeflossen sind.

$$\text{Cash-flow-Eigenkapitalrendite} = \frac{\text{Cash flow x 100}}{\text{Eigenkapital}}$$

$$\text{Cash-flow-Gesamtkapitalrendite} = \frac{\text{Cash flow x 100}}{\text{Gesamtkapital}}$$

Die Kennzahl Cash flow zu **Umsatzerlösen** ist eine weitere Messzahl für die Beurteilung der Ertrags- und Selbstfinanzierungskraft eines Unternehmens.

$$\text{Cash-flow-Umsatzrendite} = \frac{\text{Cash flow x 100}}{\text{Umsatzerlöse}}$$

Spezielle Kennzahlen

Neben den Kennzahlen zur globalen Unternehmensführung gibt es Kennzahlen zur speziellen Unternehmenssteuerung. Sie ermöglichen eine genaue Analyse **einzelner Unternehmensbereiche** und zeigen Verlustquellen auf.

Personal *(personnel, staff)*

Die Lohnhöhe wird nach der im Betrieb zugebrachten Zeit beim **Zeitlohn** errechnet.

> Bruttolohn = Lohn je Zeiteinheit x Zahl der Zeiteinheiten

Die Entlohnung erfolgt beim **Akkordlohn** (Leistungslohn) nach der tatsächlichen Leistung. Bezugsbasis kann die Stückzahl oder die Zeit sein.

> **Voraussetzungen für Akkordlohn:**
> – Arbeitsgang muss festliegen
> – Arbeitstempo ist beeinflussbar
> – Arbeitsgänge wiederholen sich.

Die Lohnhöhe wird beim **Geldakkord (Stückgeldakkord)** nach der Zahl der erbrachten Mengeneinheiten ermittelt, z. B. Stück, kg, m. Der Stundenlohnsatz wird in einen Lohnsatz je Mengeneinheit umgerechnet. Für die erbrachte Mengeneinheit wird ein bestimmter Geldbetrag ermittelt.

Der **Akkordrichtsatz** setzt sich aus dem Grundlohn des jeweiligen Tarifgebietes und einem prozentualen Akkordzuschlag zusammen. Der Akkordrichtsatz ist der Stundenverdienst bei Normalleistung.

> Akkordrichtsatz = Akkordgrundlohn + Akkordzuschlag

$$\text{Geldakkordsatz je Stück (Lohnsatz)} = \frac{\text{Akkordrichtsatz}}{\text{Normalleistung in der Stunde}}$$

> Bruttolohn = Geldakkordsatz x Stückzahl

Beispiel

Stundenlohn 10 €, Akkordzuschlag 20 %, Normalleistung je Stunde 15 Stück, wöchentliche Arbeitszeit 40 Stunden, Stückzahl 600, Bruttolohn?

tariflich garantierter Mindestlohn	10,00 €
+ Akkordzuschlag 20 %	2,00 €
Akkordrichtsatz	12,00 €

$$\text{Stückgeldakkordsatz} = \frac{12,00}{15} = 0,8 \text{ €}$$

Bruttolohn = 0,8 €/Stück x 600 Stück = 480 €

Beim **Zeitakkord** oder **Stückzeitakkord** wird für die Leistung eine bestimmte Zeit vorgegeben. Die Vorgabe von Zeiteinheiten kann als Vorgabezeit für einen Auftrag oder als Zeit für 1 Mengeneinheit angegeben werden.

Der **Zeitakkordsatz** für ein Stück ergibt sich, wenn der Wert 60 durch die in einer Stunde erbrachte Leistung dividiert wird.

$$\text{Zeitakkordsatz} = \frac{60 \text{ Minuten}}{\text{Normalleistung je Stunde}}$$

Der Zeitakkordsatz (Zeitsatz) wird für das bereits besprochene Beispiel wie folgt ermittelt:

$$\text{Zeitakkordsatz} = \frac{60 \text{ Min.}}{15 \text{ Stck.}} = 4 \text{ Min./Stück}$$

Der Verdienst pro Minute, der **Minutenfaktor**, errechnet sich dann aus dem Akkordrichtsatz geteilt durch 60.

$$\text{Minutenfaktor} = \frac{\text{Akkordrichtsatz}}{60}$$

Der Minutenfaktor im Beispiel ist dann:

$$\text{Minutenfaktor} = \frac{12{,}00\ \text{€}}{60\ \text{Min.}} = 0{,}2\ \text{€/Min.}$$

Der Bruttolohn ergibt sich dann aus dem Produkt von Zeitsatz und Minutenfaktor sowie der Stückzahl.

$$\text{Bruttolohn} = \text{Zeitsatz} \times \text{Minutenfaktor} \times \text{Stückzahl}$$

Auf das Beispiel bezogen ergibt sich dann:

$$\text{Bruttolohn} = 4\ \text{Min./Stück} \times 0{,}2\ \text{€/Min.} \times 600\ \text{Stück} = 480\ \text{€}$$

Meistens wird aber in der Praxis mit der 100 Minuten-Stunde und damit mit Dezimalminuten gerechnet.

$$\text{Zeitakkordsatz (Zeitsatz)} = \frac{100\ \text{Minuten}}{\text{Normalleistung je Stunde}}$$

Der Zeitakkordsatz im vorigen Beispiel beträgt folglich:

$$\text{Zeitakkordsatz} = \frac{100\ \text{Dezmin.}}{15\ \text{Stück}} = 6{,}666\ \text{Dezmin./Stück}$$

Der Verdienst pro Dezimalminute, der Minutenfaktor, beträgt jetzt:

$$(\text{Dezimal-})\text{Minutenfaktor} = \frac{\text{Akkordrichtsatz}}{100}$$

Der Arbeitnehmer erhält pro Dezimalminute:

 $$(\text{Dezimal-})\text{Minutenfaktor} = \frac{12{,}00\ \text{€}}{100} = 0{,}12\text{€/Dezmin.}$$

Der Bruttolohn des Arbeitnehmers errechnet sich dann wie folgt:

 Bruttolohn = Zeitakkordsatz x Minutenfaktor x Stück
Bruttolohn = 6,666 x 0,12 x 600 = 480 €

> Der Geldakkord ist älter als der Zeitakkord. Tarifänderungen führen aber dazu, dass sich dann auch der Geldakkordsatz ändert. Der Zeitakkord kommt deshalb in der Industrie häufiger vor. Der Zeitakkordsatz und damit die Vorgabezeit bleiben bei Tarifänderungen unverändert. Der Stückzeitakkord mit 100 Minuten, Dezimalstunden, bietet nochmals rechnerische Vorteile.

Der **Prämienlohn** setzt sich aus dem nicht leistungsbezogenen Grundlohn und der leistungsbezogenen Prämie zusammen. Letztere wird zum Grundlohn als zusätzliche Vergütung gewährt, z. B. Mengenprämie bei Unterschreitung einer Vorgabezeit, Terminprämie für das Erledigen von Eilaufträgen, Güteprämie für wenig Ausschuss.

Erzielbares Einkommen = Grundlohn (Zeitlohn) + Prämie

Teil 2: Training Kaufmännisches Rechnen

Das ist Ihr Nutzen

Kaufmännisches Rechnen – so trocken sich das anhören mag, so wichtig ist es doch für alle, die im Unternehmen mit Zahlen umgehen müssen oder auch nur betriebswirtschaftliche Zusammenhänge verstehen wollen, um beruflich weiterzukommen. Hier ist Üben fast unerlässlich – denn nur, wer selbst einmal kalkuliert hat, versteht auch die Systematik der Kostenrechnung.

Dieses Buch hilft Ihnen, auf leichtem Weg (wieder) in die Materie einzusteigen – so dass Sie keine Scheu mehr haben müssen vor Prozentrechnen und Durchschnittswert, vor Effektivzinsen und Abschreibung, vor Dividendenberechnung und Deckungsbeitrag. An praxisnahen Beispielen ermitteln Sie viele Größen, die Ihnen im Unternehmensalltag immer wieder begegnen – bis Sie fit sind im Teilen, Zuordnen, Formelaufstellen und Zahlenvergleichen.

Wem manches zu schwer ist, der greift auf die mitgelieferten Lösungstipps zurück, ansonsten probieren Sie es erst einmal ohne. Wenn Sie gründlich vorgehen wollen, arbeiten Sie das Buch von vorne bis hinten durch. Oder Sie picken sich einfach die Themen heraus, die Sie gerade brauchen.

Prof. Dr. Thomas Dommermuth, Michael Hauer

Mathegrundlagen für den Unternehmensalltag

Nach den folgenden Übungen können Sie

- Währungen mühelos umrechnen,
- Durchschnitt und Median rasch ermitteln,
- Provisionen, Umsatzsteuer, Skonto & Co. ausrechnen und aus Summen herausrechnen
- und dieses Wissen auf viele andere betriebliche Fragen anwenden.

Darum geht es in der Praxis

Mathematik, Kostenrechnung, Buchführung ... Wer hat diese Fächer in der Schule schon geliebt? Und wer hat sich nicht die Frage gestellt: „Für was brauche ich das eigentlich?" Spätestens in der Berufsausbildung und im Studium, aber auch im täglichen Leben wird die Antwort immer deutlicher. Egal, ob beim Einkaufen, im Job oder bei Gesellschaftsspielen, Mathematik ist allgegenwärtig. Deshalb ist es natürlich notwendig, ihre grundlegenden Elemente nicht nur zu kennen, sondern auch zu beherrschen.

Herausforderungen wie der Dreisatz, die Prozent- oder die Durchschnittsrechnung sollten Sie auf jeden Fall meistern können. Der Dreisatz z. B. wird oft unwillkürlich genutzt, wenn man den Verbrauch seines Autos berechnet. Mit dem Prozentsatz wird man ständig in der Presse konfrontiert, wenn es um Lohn- oder Preissteigerungen geht; ihn brauchen Sie auch für die Berechnung von Steuersätzen. Auch die Durchschnittsrechnung kommt häufig vor, denken wir nur an die Statistiken wie den Durchschnittsverbrauch von Kaffee und Bier usw. Diese Beispiele mögen für den einen oder anderen nicht so sehr von Bedeutung sein. Aber wenn Sie sich einmal bewusst machen, wie oft Sie diese Berechnungen benötigen, werden Sie mit Sicherheit auf eine Vielzahl von Gelegenheiten stoßen. Um Ihnen den Einstieg zu erleichtern, wollen wir im ersten Kapitel einen Überblick über die wesentlichen Grundrechenarten vermitteln – und Ihnen zum Schluss noch zeigen, wie Sie mit Mathe beeindrucken können.

Dreisatz, Währungen, Durchschnitt

Der Dreisatz mit geradem Verhältnis

Übung 1
🕐 **4 min**

1 Adam Diesel fährt mit seinem Auto 820 km und tankt anschließend 62 Liter. Wie viel Liter verbraucht sein Wagen auf 100 km?

2 In einem Kaufhaus kosten 500 g Trauben 1,90 Euro. Wie viel kosten 900 g?

3 Ein Unternehmer zahlt am Monatsende für seine 12 Beschäftigten 26.400 Euro Lohn. Wie viel verdient ein Arbeiter pro Stunde, wenn er 20 Tage mit jeweils 8 Arbeitsstunden tätig war?

4 Es werden 45 Liter von einem Erfrischungsgetränk benötigt, das aus Mineralwasser, Apfelsaft und Kirschsaft im Verhältnis 5:4:3 besteht. Wie viel Liter Mineralwasser und Apfelsaft braucht man insgesamt?

Lösungstipp

Wie wir im Kapitel „Dreisatz" (siehe S. 7) gesehen haben, gilt beim Dreisatz mit geradem Verhältnis: Je höher der eine Wert, desto höher wird der zweite Wert – die Werte verhalten sich also gleichartig. In Frage 1 wird z. B. umso mehr Kraftstoff verbraucht, je mehr Kilometer gefahren werden. Die Lösung für die Frage 1 ergibt sich, indem man den Kilometerverbrauch berechnet und diesen Wert mit 100 multipliziert.

Lösung

1   Adam Diesel verbraucht 62 Liter Diesel bei 820 km. Somit hat er einen Verbrauch von:

$$\frac{62 \text{ Liter}}{820 \text{ km}} = 0,0756 \text{ Liter pro km, d.h. } 7,56 \text{ Liter auf 100 km}$$

2   500 g kosten 1,90 Euro. 100 g kosten somit

$$\frac{1,90 \text{ Euro}}{5} = 0,38 \text{ Euro}$$

Der Preis für 900 g ergibt sich aus: $0,38 \times 9 = 3,42$ Euro.

3   Ein Beschäftigter erhält pro Monat:

$$\frac{26\,400 \text{ Euro}}{12} = 2200 \text{ Euro}$$

Ein Arbeiter war 20 Tage mit jeweils 8 Arbeitsstunden, also 160 Stunden tätig. Der Monatslohn durch diese Stundenzahl geteilt ergibt einen Stundenlohn von:

$$\frac{2200 \text{ Euro}}{160 \text{ h}} = 13,75 \text{ Euro pro Stunde}$$

4   Das Erfrischungsgetränk besteht insgesamt aus $5 + 4 + 3 = 12$ Teilen. Ein Teil entspricht:

$$\frac{45 \text{ Liter}}{12} = 3,75 \text{ Liter}$$

Somit sind $5 \times 3,75$ Liter = 18,75 Liter Mineralwasser und $4 \times 3,75$ Liter = 15 Liter Apfelsaft im Erfrischungsgetränk enthalten.

Der Dreisatz mit ungeradem Verhältnis

Der Dreisatz mit ungeradem Verhältnis

Übung 2

🕐 **3 min**

1 Für die Durchführung eines Bauauftrages benötigen 3 Arbeiter 12 Stunden. Wie lange brauchen 4 Arbeiter?

2 Herr Max Plauderer führt mit seinem Handy ein Telefonat über 29 Minuten. Eine Gebühreneinheit kostet pro Minute 0,12 Euro. Wie lange hätte er für die gleichen Kosten vom Festnetz für 0,029 Euro pro Minute telefonieren können?

3 In einer Bleikristallfabrik werden zur Herstellung eines Sektglases 3 Glasdruckanlagen eingesetzt. Die Maschinen laufen 365 Tage rund um die Uhr im Schichtbetrieb. Insgesamt werden jährlich 8.409.600 Sektgläser produziert. Die Firma erhält einen Großauftrag von 3.504.000 Stück. Für welchen Zeitraum sind 5 Maschinen zur Erfüllung des Großauftrags ausgelastet? Der Auftrag soll in 60 Tagen erledigt sein. Wie viele Maschinen muss der Produktionsleiter mindestens einsetzen, um den Auftrag termingerecht durchzuführen?

Lösungstipps

Beim Dreisatz mit ungeradem Verhältnis gilt: Je höher der eine Wert, desto geringer wird der zweite Wert – die Werte verhalten sich also gegenläufig. In Frage 1 wird zum Beispiel umso weniger Arbeitszeit benötigt, je mehr Arbeiter tätig sind. Die Lösung für die Frage 1 ergibt sich, indem man die Stundenanzahl, die ein Arbeiter braucht, berechnet und das Ergebnis durch 4 dividiert.

Lösung

1 Brauchen 3 Arbeiter 12 Stunden, braucht einer dreimal so lang, d. h. 36 Stunden. 4 Arbeiter benötigen dann:

$$\frac{36 \text{ Stunden}}{4} = 9 \text{ Stunden}$$

2 Kosten für das Handygespräch: $29 \times 0,12 = 3,48$ Euro. Mögliche Sprechdauer über das Festnetz:

$$\frac{3,48 \text{ Euro}}{0,029} = 120 \text{ Minuten}$$

3 Zuerst berechnen Sie, wie viele Gläser eine Maschine pro Jahr produziert, und multiplizieren das Ergebnis mit 5:

$$\frac{8.409.600}{3} = 2.803.200 \; ;$$

$$2.803.200 \times 5 = 14.016.000 \text{ Gläser}$$

Für die Herstellung von 3.504.000 Gläsern benötigt man:

$$\frac{3.504.000}{14.016.000} = 0,25 \text{ Jahre} = 91,25 \text{ Tage}$$

Die Kapazität für den Großauftrag ermitteln Sie, indem Sie 1. berechnen, wie viel Gläser pro Tag produziert werden müssen, 2. wie viel eine Maschine pro Tag produzieren kann und im 3. Schritt die Ergebnisse dividieren:

1) $\dfrac{3.504.000}{60} = 58.400$ 2) $\dfrac{2.803.200}{365} = 7.680$

3) $\dfrac{58.400}{7.680} = 7,6$

Das heißt es müssen 8 Maschinen eingesetzt werden.

Währungen umrechnen   Übung 3
                               ⏱ 5 min

1 Sie bestellen über das Internet eine Software aus den USA. Diese kostet 29,00 $. Das Wechselkursverhältnis Euro zu US-Dollar soll 1:1,25 betragen, d. h. Sie erhalten für einen Euro 1,25 $. Wie viel Euro müssen Sie für die Software ausgeben?

2 Der Schotte MacStingy will in München eine größere Menge bayrischen Senf zum günstigen Preis von 1,99 Euro pro Glas einkaufen. Das Verhältnis Pfund zu Euro lautet 1:1,2415. Wie viel Pfund muss er pro Glas ausgeben (gerundet auf zwei Stellen)?

3 Beim Währungsumtausch gibt es den Geldkurs, zu dem die Bank eine Währung ankauft, und den Briefkurs, zu dem die Bank sie verkauft. Sie haben 200 Euro in US-Dollar getauscht, jedoch nicht benötigt. Wie viel bekommen Sie beim Rücktausch zurück, wenn der Briefkurs zum US-Dollar 1,4679 und der Geldkurs 1,4669 beträgt?

Lösungstipp

Für das Lösen dieser Aufgaben können Sie die im Kapitel „Dreisatz" (siehe S. 7) gelernten Vorgehensweisen verwenden.

Lösung

1   Für einen Euro erhält man 1,25 \$. Somit benötigt man für den Kauf der Software (gerundet):

$$\frac{29}{1,25} = 23,20 \,\text{Euro}$$

2   MacStingy erhält für ein Pfund 1,2415 Euro. Damit zahlt er pro Glas Senf (gerundet):

$$\frac{1,99}{1,2415} = 1,60 \,\text{Pfund}$$

3   Fürs Erste hatten Sie die 200 Euro in US-Dollar gewechselt. Dafür erhielten Sie gemäß dem Geldkurs:

200 × 1,4669 \$ = 293,38 \$

Beim Rücktausch mussten Sie den Briefkurs in Höhe von 1,4679 \$ für 1 Euro bezahlen, d. h. Sie erhielten:

$$\frac{293,38}{1,4679} = 199,86 \,\text{Euro} \quad \text{zurück.}$$

Praxistipp

Ist der Kurs größer als 1, so bedeutet dies, dass Sie für einen Euro mehr als eine Einheit der Fremdwährung bekommen. Der Euro hatte im obigen Beispiel gegenüber dem US-Dollar einen Kurs von 1:1,4669, d. h. Sie erhielten für einen Euro 1,4669 \$ oder, umgekehrt, Sie mussten nur 1/1,4669 = 0,68 Euro für einen US-Dollar bezahlen. Dadurch wurden die in US-Dollar gehandelten Waren oder eine USA-Reise für Sie günstiger.

Den Durchschnitt und die Verteilung ermitteln

Übung 4

🕐 **5 min**

1 Sie kaufen jede Woche ein Kilo Äpfel. In den letzten vier Wochen schwankten die Preise stark. Die erste Woche kostete das Kilo 1,99 Euro, in der zweiten 2,49 Euro, in der dritten 2,29 Euro und in der vierten Woche wieder 1,99 Euro. Wie hoch war der durchschnittliche Kilopreis?

2 Eine Kaffeerösterei mischt drei Sorten Kaffee: Sorte A kostet 19,80 Euro, Sorte B 17,10 Euro und Sorte C 14 Euro je Kilo. Eine Mischung besteht aus 4 kg der Sorte A, 10 kg der Sorte B und 6 kg der Sorte C. Die Kundin Desiree Busch möchte ein Kilo von der Mischung kaufen. Wie viel muss sie dafür zahlen?

3 Geben Sie den Durchschnitt und den Median folgender Messreihe an:

2,0	4,4	4,6	5,1	5,8	6,0	6,1	6,7	6,8	7,1

Lösungstipps

Der einfache Durchschnitt (ungewogenes arithmetisches Mittel) ergibt sich aus der Summe der Einzelwerte dividiert durch die Anzahl der Posten. Der gewogene Durchschnitt (gewogenes arithmetisches Mittel) wird durch die gewogene Summe der Einzelwerte, dividiert durch die Gesamtmenge, ermittelt. Der Median ist der Wert, der in der geordneten Reihe aller Ergebniswerte genau in der Mitte liegt, bzw. bei einer geraden Anzahl von Werten das arithmetische Mittel der beiden mittleren Werte.

Lösung

1 Der durchschnittliche Preis ergibt sich, indem Sie die Preise addieren und durch 4 teilen:

$$\frac{1,99 + 2,49 + 2,29 + 1,99}{4} = \frac{8,76}{4} = 2,19 \text{ Euro}$$

2 Der Preis für ein Kilo der Kaffeemischung ergibt sich aus:

$$\frac{4 \times 19,80 + 10 \times 17,10 + 6 \times 14}{4 + 10 + 6} = \frac{334,2}{20} = 16,71 \text{ Euro}$$

D. h. Frau Busch muss 16,71 Euro bezahlen.

3 Der Durchschnitt ergibt sich aus

$$\frac{2,0 + 4,4 + 4,6 + 5,1 + 5,8 + 6,0 + 6,1 + 6,7 + 6,8 + 7,1}{10} = 5,46$$

Da die Reihe 10 Werte besitzt, erhält man den Median durch Berechnung des Durchschnitts vom 5. und 6. Wert. Der 5. Wert in der Reihe lautet 5,8 und der sechste 6,0.

Der Median ist dann: $\dfrac{5,8 + 6,0}{2} = 5,9$

Praxistipp

Mittelwerte können durch Ausreißer nach oben oder unten stark verzerrt werden. Daher ist es für Ihre Analyse aufschlussreich, wenn Sie den Mittelwert mit dem Median vergleichen: Liegen beide Werte nahe beieinander, ist die Verteilung ausgewogen. Ist der Median wesentlich niedriger als der Mittelwert, so gibt es Ausreißer nach oben. Liegt er deutlich darüber, gibt es Extreme im unteren Bereich.

Mit Prozenten rechnen

Den Prozentsatz ermitteln

Übung 5
🕐 **3 min**

1 Eine Pauschalreise wurde zu 990 Euro angeboten. Aufgrund geringer Teilnehmerzahl erhöht sich der Preis um 49,50 Euro. Um wie viel Prozent wurde der Preis angehoben?

2 Sie haben sich im letzten Jahr ein Auto für 18.600 Euro gekauft. Das gleiche Modell kostet jetzt 19.288 Euro. Berechnen Sie den Prozentsatz, um den der Preis für das Auto gestiegen ist.

3 Herr Heizmann kauft heute seinen Jahresbedarf von 3.000 Liter Heizöl zum Tagespreis von 68 Cent je Liter. Letzten Winter bezahlte er für die gleiche Menge Heizöl 2.250 Euro. Um wie viel Prozent hat sich der Heizölpreis verändert?

Lösungstipp

Zur Berechnung des Prozentsatzes können Sie die im Kapitel „Prozentrechnen" (siehe S. 24) angegebene Formel verwenden:

$$\text{Prozentsatz} = \frac{\text{Prozentwert}}{\text{Grundwert}} \times 100$$

Der Prozentwert stellt dabei die Differenz zwischen dem alten und dem neuen Wert dar.

Lösung

1 Grundwert   = 990 Euro
   Prozentwert = 49,50 Euro

   $$\text{Prozentsatz} = \frac{49,90}{990} \times 100 = 5,0\,\%$$

   Der Preis wurde um 5 % angehoben.

2 Grundwert   = 18.600 Euro
   Prozentwert = 19.288 Euro – 18.600 Euro = 688 Euro

   $$\text{Prozentsatz} = \frac{688}{18.600} \times 100 = 3,7\,\%$$

   Das Auto ist nun um 3,7 % teurer.

3 Grundwert   = 2.250 Euro
   Prozentwert = 3.000 × 0,68 Euro – 2.250 Euro =
                 2.040 Euro – 2.250 Euro = -210 Euro

   $$\text{Prozentsatz} = \frac{-\,210}{2.250} \times 100 = -\,9,33\,\%$$

   Das Heizöl ist um 9,33 % billiger geworden

Den Prozentwert ermitteln

Übung 6

🕐 **4 min**

In dieser Übung sollen Sie nun den Prozentwert (absolute Veränderung) nach einer vorgegebenen prozentualen Veränderung ermitteln.

1 Von einem Rechnungsbetrag von 990 Euro können Sie 3 % Skonto abziehen. Wie hoch ist der Prozentwert?

2 Eine 5.000 m lange Straße hat eine Steigung von 9 %. Welchen Höhenunterschied muss man beim Befahren der Straße bewältigen?

3 Der Buchbinder Anton Wallinger verdient brutto 2.850 Euro im Monat. Von seinem Lohn werden die Lohnsteuer in Höhe von 20 % und die Sozialabgaben in Höhe von 20,525 % abgezogen. (Der Arbeitnehmer zahlt jeweils die Hälfte des Beitragssatzes der gesetzlichen Rentenversicherung, der sich auf 19,9 % beläuft, der Arbeitslosenversicherung (2,8 %), der Krankenversicherung (14,6 %) und der Pflegeversicherung (1,95 %). Der Zusatz zur Krankenversicherung beträgt 0,9 % und wird allein vom Arbeitnehmer getragen.) Berechnen Sie den Nettolohn.

Lösungstipp

Die Formel für die Berechnung des Prozentwertes können Sie dem Kapitel „Prozentrechnen" (siehe S. 23) entnehmen.

Lösung

1   Grundwert: 990 Euro, Prozentsatz: 3 %

$$\text{Prozentwert} = \frac{3}{100} \times 990 = 0{,}03 \times 990 \text{ Euro} = 29{,}70 \text{ Euro}$$

Sie können ein Skonto in Höhe von 29,70 Euro abziehen.

2   Grundwert: 5.000 m, Prozentsatz: 9 %

$$\text{Prozentwert} = \frac{9}{100} \times 5.000 \text{ m} = 450 \text{ m}$$

Sie bewältigen auf der gesamten Strecke einen Höhenunterschied von 450 m.

3   Grundwert: 2.850 Euro; Prozentsatz der Lohnsteuer: 20 %, Prozentsatz der Sozialabgaben: 20,525 %

$$\text{Prozentwert der Lohnsteuer} = \frac{20}{100} \times 2.850 = 570 \text{ Euro}$$

$$\text{Prozentwert der Sozialabg.} = \frac{20{,}525}{100} \times 2.850$$
$$= 584{,}96 \text{ Euro}$$

Somit erhält der Buchbinder Anton Wallinger ein Nettogehalt von:

2.850 Euro – 570 Euro – 584,96 Euro = 1.695,04 Euro.

Den Grundwert ermitteln

Übung 7
🕐 **3 min**

1 Ein Vertreter erhält am Monatsende 3200 Euro als Provision, wobei sich sein Provisionssatz auf 4 % beläuft. Wie hoch war sein Umsatz?

2 Ein Fahrrad kostet einschließlich 19 % Mehrwertsteuer 590 Euro. Was kostet das Fahrrad ohne Mehrwertsteuer?

3 Ein Auto muss aufgrund eines Schadens um 15 % billiger abgegeben werden und kostet jetzt 24.650 Euro. Wie teuer war es vorher?

Lösungstipp

Überlegen Sie sich zuerst, wie hoch der Prozentsatz ist. Dieser hängt vom gegebenen Prozentwert ab.

- Ist der Prozentwert um x % höher als der gesuchte Grundwert, so entspricht der Prozentsatz = 100 % + x %.

- Ist der Prozentwert um y % kleiner als der Grundwert, so entspricht der Prozentsatz = 100 % – y %.

Die Formel für die Berechnung des Grundwertes können Sie dem Kapitel „Prozentrechnen" (siehe S. 24) entnehmen:

$$\text{Grundwert} = \frac{\text{Prozentwert}}{\text{Prozentsatz}} \times 100$$

Lösung

1 Prozentsatz = 4 %; Prozentwert = 3.200 Euro

$$\text{Grundwert} = \frac{3.200 \, \text{Euro}}{4} \times 100 = 80.000 \, \text{Euro}$$

Der Vertreter hat einen Umsatz von 80.000 Euro erzielt.

2 Prozentwert = 590 Euro, entspricht 100 % erhöht um 19 %. Somit ist der Prozentsatz gleich 119 %.

$$\text{Grundwert} = \frac{590 \, \text{Euro}}{119} \times 100 = 495,80 \, \text{Euro}$$

Ohne Mehrwertsteuer kostet das Fahrrad 495,80 Euro.

3 Prozentwert = 24.650 Euro, entspricht 100 % verringert um 15 %. Somit beträgt der Prozentsatz 85 %

$$\text{Grundwert} = \frac{24.650 \, \text{Euro}}{85} \times 100 = 29.000 \, \text{Euro}$$

Das Auto hat ursprünglich 29.000 Euro gekostet.

Praxistipp

Prozentrechnen brauchen Sie für viele Berechnungen im Unternehmensalltag, zum Beispiel für

- Mehrwert- bzw. Umsatzsteuerberechnungen,
- Zinsberechnungen bei Krediten, Mahnungen,
- Angabe von Umsatz- und Absatzsteigerungen, u. v. m.

Mit Mathe beeindrucken

Durch 3 teilbar? **Übung 8**
🕐 **3 min**

Sie glauben, Sie seien kein Mathematik-Genie! Weit gefehlt – mit einfachen Tricks können Sie richtig glänzen. Probieren Sie es doch aus: Wetten, dass Sie innerhalb von nur drei Minuten sagen können, ob die folgenden Zahlen durch 3 teilbar sind oder nicht:

7548649837248932589437

98107584937584507543927549302758493 68

343895040357493154938590438634543250 6325435469437

Mit etwas Übung schlagen Sie Ihren Partner, der die Rechnung mit dem Taschenrechner durchführt. Üben Sie darüber hinaus mit beliebigen Zahlen, die Sie sich ausdenken.

Lösungstipp

Um zu beurteilen, ob eine Zahl durch 3 teilbar ist, muss man nur die Quersumme der Zahl berechnen und überprüfen, ob diese durch 3 teilbar ist. Die Quersumme wird durch Addition der einzelnen Ziffern der Zahl gebildet. Bei der Zahl 236 lautet z. B. die Quersumme 2 + 3 + 6 = 11. Da sie nicht durch 3 teilbar ist, ist auch die Zahl 236 nicht durch 3 teilbar. Diese Regel gilt allerdings nur für die Zahl 3. Ein Tipp: Schreiben Sie die Zahlen mit einem übersichtlichen Abstand zwischen den Ziffern auf ein Blatt Papier, damit Sie die einzelnen Ziffern besser lesen können und keine übersehen.

Lösung

Bilden Sie zunächst die Quersumme der gegebenen Zahlen.

Die Quersumme von 7548649837248932589437 lautet:

7 + 5 + 4 + 8 + 6 + 4 +9 + 8 + 3 + 7 + 2 + 4 + 8 + 9 + 3 +
2 + 5 + 8 + 9 + 4 + 3 + 7 = 125.

Die Quersumme von

9810758493758450754392754930275849368

ergibt sich aus:

9 + 8 + 1 + 0 + 7 + 5 + 8 + 4 + 9 + 3 + 7 + 5 + 8 + 4 + 5 +
0 + 7 + 5 + 4 + 3 + 9 + 2 + 7 + 5 + 4 + 9 + 3 + 0 + 2 + 7 +
5 + 8 + 4 + 9 + 3 + 6 + 8 = 193.

Die Quersumme von

343895040357493154938590438634543250632543 5469437

lautet:

3 + 4 + 3 + 8 + 9 + 5 + 0 + 4 + 0 + 3 + 5 + 7 + 4 + 9 + 3 +
1 + 5 + 4 + 9 + 3 + 8 + 5 + 9 + 0 + 4 + 3 + 8 + 6 + 3 + 4 +
5 + 4 + 3 + 2 + 5 + 0 + 6 + 3 + 2 + 5 + 4 + 3 + 5 + 4 + 6 +
9 + 4 + 3 + 7 = 219.

Von diesen Zahlen ist, wie man sehr schnell erkennen kann,
nur die letzte Quersumme durch 3 teilbar: 219 / 3 = 73.
Somit weiß man, dass auch nur die dritte der genannten
Zahlen durch 3 teilbar ist.

Die Finanzierung beherrschen

Arbeiten Sie dieses Kapitel durch, können Sie bald

- Zinsen und Zinseszins berechnen,
- die Rendite von Investitionen beurteilen und
- Effektivzins und Kapitalwert berechnen.

Darum geht es in der Praxis

Egal, ob Sie Geld anlegen wollen oder sich verschulden müssen, um ein Haus zu bauen oder zu kaufen, ob Sie Anteile an einem Medienfonds erwerben, um Steuern zu sparen oder Ihre GmbH für Sie Pensionsrückstellungen bildet – immer sind Zinswirkungen im Spiel: zu Ihren Gunsten oder zu Ihren Ungunsten. Vertraglicher Zinssatz (Nominalzins) und Effektivzins sind dabei nicht ein und dasselbe. Wie unterscheiden sie sich? Welche Rolle spielen dabei Disagio, der jeweilige Zeitpunkt der Zahlung und Tilgungsmodalitäten?

Bei den Krediten sind Annuitätendarlehen am häufigsten vertreten. Dabei summieren sich Zins und Tilgung in jeder Periode zum gleichen, konstanten Betrag (Annuität). Wie können Sie hier die Tilgung berechnen?

Sie wollen eventuell eine Photovoltaikanlage auf Ihrem Hausdach installieren? Ist der Ihnen angebotene geschlossene Immobilienfonds rentabel? Ihr Unternehmen könnte in eine neue Technologie investieren und dabei erheblich Kosten einsparen, der Preis für die Innovation kommt Ihnen aber sehr hoch vor. In all diesen Fällen interessiert Sie, ob das Projekt durchgeführt oder gegenüber der besten Alternative verworfen werden soll. Hier helfen uns die Kapitalwertmethode oder die Methode des internen Zinsfußes weiter.

Von Zinsen und Zinseszins

Zinsberechnung ohne Zinseszins

Übung 9
🕐 **6 min**

1 S. Parer könnte 10.000 Euro für genau ein Jahr zu 3 % in einem Unternehmen seines Freundes anlegen und möchte wissen, wie viel Geld er dann zur Verfügung hat.

2 Herr Parer kann die 10.000 Euro alternativ zu 4 % über 5 Jahre anlegen. Die Zinsen werden jährlich ausgezahlt. Wie viel Zinsen hat Herr Parer dann insgesamt kassiert?

3 Herr Parer könnte die 10.000 Euro auch monatsweise anlegen vom 1.7 bis 30.9. zu 2,5 %. Um welchen Betrag ist Herr Parer hinterher reicher?

4 Zum gleichen Anlagebetrag wäre auch Tagesgeld über 30 Tage zu 2 % möglich. Wie hoch sind dann die Zinsen?

Lösungstipp

Die Ausgangsgleichung zur Ermittlung von Zinsen (Z) können Sie dem Kapitel „Zinsrechnen" (siehe S. 28) entnehmen:

$$Z = \frac{K \times p \times i}{100}$$

K stellt dabei das Kapital, p den Prozentsatz der Zinsen und i die Anzahl der Jahre dar.

Lösung

1 Setzt man die Werte in die Formel des Lösungstipps ein, erhält man:

$$Z = \frac{10.000 \times 3 \times 1}{100} = 300 \text{ Euro}$$

Herr Parer hat am Jahresende 10.300 Euro zur Verfügung.

2 Hier ist die Ausgangsgleichung ebenfalls relevant. Herr Parer nimmt damit insgesamt an Zinsen ein:

$$Z = \frac{10.000 \times 4 \times 5}{100} = 2.000 \text{ Euro}$$

3 Die Ausgangsgleichung ist nun auf Monatszahlung umzurechnen. Dabei gilt:

$$Z = \frac{K \times p \times m}{100 \times 12}, \text{ wobei } m \text{ die Anzahl der Monate darstellt.}$$

Eingesetzt ergibt sich: $Z = \dfrac{10.000 \times 2,5 \times 3}{100 \times 12} = 62,50$

Herr Parer ist somit um 62,50 Euro an Zinsen reicher.

4 Die Ausgangsgleichung auf Tagesbasis lautet

$$Z = \frac{K \times p \times t}{100 \times 360}, \text{ wobei } t \text{ für die Anzahl der Tage steht.}$$

Die Zinsen für die 30 Tage betragen somit:

$$Z = \frac{10.000 \times 2,0 \times 30}{100 \times 360} = 16,67 \text{ Euro.}$$

Zinsberechnung länderspezifisch

Übung 10

🕐 **5 min**

1 Ein anderer Freund bietet Herrn Parer für die 10.000 Euro 2,75 % Zinsen von Anfang Juni bis Ende September. Wie viel Zinsen fallen insgesamt an?

2 Herr Parer kann die 10.000 Euro alternativ über denselben Zeitraum zu 2,7 % bei einer Geschäftsbank anlegen. Wie viel Zinsen hat Herr Parer am Ende des Zeitraums insgesamt kassiert?

3 Wie wäre die Frage 2 bei einer Anlage in den USA zu beantworten?

Lösungstipp

Unterjährige Zinsberechnung ist von Land zu Land unterschiedlich und abhängig vom Zinsschuldner.

- In Deutschland rechnen Kaufleute auf Basis von 360 Tagen pro Jahr und mit 30 Tagen pro Monat (auch dem Februar). Geschäftsbanken hingegen wenden die Eurozinsmethode an, d. h. die Monate tagegenau (auch Schaltjahr, immer bis Werktag) und die Jahre mit insgesamt 360 Tagen.

- In den USA werden die Monate tagegenau und die Jahre mit 365 Tagen gerechnet.

Lösung

1 Setzt man die Werte in die Formel des Lösungstipps ein, erhält man:

$$Z = \frac{10.000 \times 2{,}75 \times 120}{100 \times 360} = 91{,}67 \text{ Euro Zinsen}$$

2 Hier ist die Ausgangsgleichung ebenfalls relevant:

$$Z = \frac{10.000 \times 2{,}7 \times 122}{100 \times 360} = 91{,}50 \text{ Euro Zinsen}$$

Zwar ist der Zinssatz um 0,05 % geringer als in Frage 1, es werden jedoch 2 Tage mehr berechnet.

3 Anlage in den USA:

$$Z = \frac{10.000 \times 2{,}7 \times 122}{100 \times 365} = 90{,}25 \text{ Euro Zinsen}$$

Praxistipp

Bei der Zinsberechnung müssen Sie als Erstes klären, welche Institution Gläubiger ist und in welchem Land die Zinsberechnung stattfindet.

Kapital, Zinssatz, Zeit berechnen

Übung 11

🕐 **6 min**

1 Die lustige Witwe P. Rivatier hat ein Mietshaus geerbt, welches eine monatliche Miete in Höhe von 1.000 Euro abwirft. Welches Kapital müsste alternativ bei einer Verzinsung von 4 % dafür angelegt werden (wählen Sie die kaufmännische Methode auf Basis von 30 Tagen pro Monat und 360 Tagen pro Jahr, d. h. die „30-Tage-Regel")?

2 Frau Rivatier hat 156.000 Euro auf 53 Tage angelegt, die aus der Lebensversicherung Ihres verstorbenen Mannes fällig wurden und 689 Euro an Zinsen bringen. Berechnen Sie den Zinssatz auf Basis der 30-Tage-Regel.

3 Frau Rivatier hat darüber hinaus ein festverzinsliches Wertpapier für 10.000 Euro gekauft (Kurs 100 %). Die Bank weist in ihrer Abrechnung neben dem Zinssatz (4 %) Stückzinsen in Höhe von 20 Euro aus. Frau Rivatier möchte wissen, für welchen Zeitraum dieser Betrag angesetzt wurde.

Lösungstipp

In allen drei Fragen ist die Ausgangsgleichung zur Ermittlung des Zinses (siehe S. 28) –nach dem jeweils gesuchten Wert umgeformt – anzuwenden.

Lösung

1 Löst man die auf Tagesbasis modifizierte Ausgangsgleichung nach K auf, so ergibt sich ein Kapital von 300.000 Euro:

$$K = \frac{Z \times 100 \times 360}{p \times t};$$

$$K = \frac{1.000 \times 100 \times 360}{4 \times 30} = 300.000$$

Anhand der Gleichung $Z = \frac{K \times p \times t}{100 \times 360}$ ergibt sich:

$$\frac{300.000 \times 4 \times 30}{100 \times 360} = 1.000$$

Das sind die 1.000 Euro Monatsmiete, von der wir ausgingen.

2 Der Zinssatz errechnet sich als: $p = \frac{Z \times 100 \times 360}{K \times t}$

Somit gilt: $p = \frac{689 \times 100 \times 360}{156.000 \times 53} = 3\,\%$

3 Die Laufzeit in Tagen ergibt sich über

$$t = \frac{Z \times 100 \times 360}{K \times p}$$

Im vorliegenden Fall heißt dies:

$$t = \frac{20 \times 100 \times 360}{10.000 \times 4} = 18$$

Somit wurden die Stückzinsen für 18 Tage berechnet.

Zinsen auf und im Hundert   Übung 12
                                  ⏱ **6 min**

1   Otto Bein legt sein Geld zu 3 % für 120 Tage bei der
    Norddeutschen Sandbank an. Nach der Laufzeit erhält er
    8.989 Euro zurück. Wie hoch war sein Anlagebetrag und
    wie hoch sind die Zinsen?

2   Die Firma Amnum hat bei ihrer Bank ein Hypothekendar-
    lehen aufgenommen. Die Bank zahlte 99.750 Euro aus, bei
    einem Disagio in Höhe von 5 %. Wie hoch ist der Darle-
    hensbetrag?

Lösungstipp

▪ Bei Zinsrechnungen auf Hundert fallen auf den ursprünglichen Betrag (meist ein Anlagebetrag) Zinsen an. Da der
  angelegte Betrag 100 % entspricht und die Zinsen darauf
  kommen, spricht man von „Zinsrechnung auf Hundert"
  (Frage 1).

▪ Anders, wenn zunächst von den 100 % ein Abzug stattfindet, z. B. bei einem Disagio (siehe auch Seite 40), und man
  auf den Ursprungsbetrag zurückrechnen will („Zinsrechnung im Hundert" – Frage 2).

Lösung

1 *Schritt 1:* Berechnung des unterjährigen Zinses. Da die 3 %
auf Jahresbasis festgelegt sind, errechnet sich der unterjährige Zins durch einfachen Dreisatz:

$$p_u = p\frac{t}{360} \text{ , in unserem Falle also } p_u = 3 \times \frac{120}{360} = 1\%$$

Schritt 2: Der Gesamtbetrag inkl. Zinsen errechnet sich als
(*E* wie Endwert): E = K + Z, wobei *K* das ursprünglich angelegte Kapital und *Z* die Zinsen sind. Es gilt also:

$$E = K + \frac{K \times p \times t}{100 \times 360} \text{ , umgeformt: } E = K\left(1 + \frac{p \times t}{100 \times 360}\right)$$

Die Werte in die Gleichung eingesetzt:

$$E = K\left(1 + \frac{3 \times 120}{100 \times 360}\right) = 8.989 = K\left(1 + \frac{1}{100}\right) = K \times 1,01$$

Schritt 3: $K = \dfrac{8.989 \text{ Euro}}{1,01} = 8.900 \text{ Euro}$

2 Der Auszahlungsbetrag ist der um 5 % verringerte Betrag,
entspricht also 95 % oder 0,95. Der Darlehensbetrag hingegen entspricht 100 % oder 1. Will man also von der
Auszahlung in Höhe von 99.750 Euro (95 %) auf den Darlehensbetrag zurückrechnen, braucht man die 99.750 Euro
lediglich durch 0,95 zu dividieren.

Ergebnis: $\dfrac{99.750 \text{ Euro}}{0,95} = 105.000 \text{ Euro}$

Zinseszins bei Einmalanlagen   Übung 13
🕐 6 min

1 S. Parer kann 100 Euro für genau ein Jahr zu 3 % anlegen. Wie viel Geld hat er danach zur Verfügung?

2 Herr Parer kann die 100 Euro auch zu 4 % über 5 Jahre anlegen. Über welchen Betrag kann er am Ende verfügen, wenn er die zwischenzeitlichen Zinsen nicht entnimmt?

3 Herr Parer könnte auch 100 Euro für 1 Monat zu 2,0 % p. a. (= *per annum* = im Jahr) anlegen. Um welchen Betrag ist Herr Parer hinterher reicher?

4 Schließlich bietet der Berater seines Kreditinstituts Herrn Parer auch eine Anlage über 5 Monate zu 2,5 % p. a. an. Welcher Betrag wird seinem Konto am Ende dieses Zeitraums bei einem Anlagebetrag von 100 Euro gutgeschrieben?

Lösungstipps

Um Zinsen und Zinseszins zu berechnen, müssen Sie aufzinsen. Die Aufzinsungsformel lautet (siehe S. 36):

$$K_n = K_0 \times \left(1 + \frac{p}{100}\right)^n$$

K_n ist der zukünftige Wert inkl. Zinsen, K_0 der angelegte Betrag (Barwert), p der Zinssatz und n der Anlagezeitraum (Jahre).

Da sich Zinsen i. d. R. auf ein Jahr beziehen, müssen Sie bei Anlagen unter 1 Jahr die Zinsen auf den Monat umrechnen. Dabei dürfen Sie nicht einfach den Zinssatz durch 12 dividieren, da dann die Zinseszinseffekte unberücksichtigt blieben.

Die Umrechnung geschieht wie folgt: $p_m = \sqrt[12]{1 + \dfrac{p}{100}} - 1$

(p_m = auf Monatsbasis umgerechneter Zins).

Zur Berechnung dieser Wurzelfunktion siehe S. 163.

Lösung

1 Am Ende des Jahres erhält Herr Parer einen Gesamtbetrag inklusive Zinsen von: $K_n = 100 \times (1 + 0{,}03)^1 = 100 \times 1{,}03 = 103$ Euro. Das Ergebnis ist dasselbe wie in Frage 1 von Übung 9, da bei einer Anlage von einem Jahr und jährlicher Zinszahlung kein Unterschied zum Falle der sofortigen Zinsentnahme besteht.

2 Auch hier setzen Sie einfach in die Aufzinsungsformel ein: 100 Euro $\times (1 + 0{,}04)^5 = 100 \times 1{,}04^5 = 121{,}67$ Euro $(1{,}04^5 = 1{,}04 \times 1{,}04 \times 1{,}04 \times 1{,}04 \times 1{,}04 = 1{,}21665)$ Herr Parer kann somit nach fünf Jahren über 121,67 Euro verfügen.

3 Erhält Herr Parer 2,0 % p. a., muss dies auf die Monate umgerechnet werden. Bei $p = 0{,}02$ ergibt sich: $p_m = 0{,}00165$ bzw. 0,165 %, eingesetzt in die Aufzinsungsformel: $K_n = 100$ Euro $\times (1 + 0{,}00165)^1 = 100{,}17$ Euro.

4 Zuerst rechnen Sie den monatlichen Zins aus: $p_m = \sqrt[12]{1 + 0{,}025} - 1 = 0{,}206\ \%$ Eingesetzt in die Aufzinsungsformel ergibt sich: $K_n = 100$ Euro $\times (1 + 0{,}00206)^5 = 101{,}03.$

Am Ende der fünf Monate hat Herr Parer 101,03 Euro. Dieser Betrag lässt sich auch in einem Aufwasch errechnen, indem man folgende Formel verwendet:

$K_n = 100 \text{ Euro} \times \left(\sqrt[12]{1+p}\right)^u$, wobei p der Jahreszins und

u der Unterjährigkeitszeitraum in Monaten (hier 5) ist.

Zinseszins bei Sparplänen   Übung 14
⏱ **6 min**

Frau Ohnsorg kann 1.200 Euro jährlich in einen Sparplan über 10 Jahre mit 4,8 % p. a. konstanter Verzinsung einzahlen. Wie hoch wird die Auszahlung aus diesem Sparplan nach 10 Jahren sein, wenn die 1.200 Euro jeweils am Jahresanfang fällig sind?

Ändert sich etwas am Auszahlungsbetrag, wenn die 1.200 Euro am Ende eines jeden Jahres fällig sind? Wie groß ist der Unterschied zum ersten Ergebnis?

Lösungstipps

- Sehen Sie sich noch einmal die Übung 13 an und bauen Sie auf das Vorgehen dort auf.

- Entscheidend ist hier, dass sich die ersten 1.200 Euro inklusive Zinseszinsen über volle 10 Jahre verzinsen, die zweiten über 9, die dritten über 8 usw., die letzten 1.200 Euro dann nur noch über 1 Jahr, jeweils zu 4,8 %. Berechnen Sie jedes Jahr einzeln und addieren Sie anschließend die Ergebnisse.

Lösung

So berechnen sich die Zinsen für jedes Jahr:

- 1. Jahr: 1.200 Euro $\times (1+0{,}048)^{10} = 1.917{,}76$ Euro
- 2. Jahr: 1.200 Euro $\times (1+0{,}048)^{9} = 1.829{,}92$ Euro
- 3.–9. Jahr: ...
- 10. Jahr: 1.200 Euro $\times (1+0{,}048)^{1} = 1.257{,}60$ Euro

Addieren Sie die Teilergebnisse, erhalten Sie eine Auszahlung aus dem Sparplan in Höhe von 15.671,08 Euro.

Natürlich ändert sich etwas, wenn die Zahlungen nicht zu Beginn eines jeden Jahres („vorschüssig"), sondern am Jahresende („nachschüssig") eingezahlt werden. Zwar verschieben sich dabei sämtliche Zahlungen um ein Jahr nach hinten. Im Endeffekt aber ist die Wirkung die, dass die bisherige erste Zahlung nun ausscheidet und an das Ende tritt. Die Auszahlung muss sich dadurch wie folgt verringern:

1.200 Euro $\times (1+0{,}048)^{10} - 1.200$ Euro $= 717{,}76$

Zu diesem Ergebnis kommt man auch, wenn man sämtliche Zahlungen gemäß dem Muster oben aufzinst:

- 1. Jahr: 1.200 Euro $\times (1+0{,}048)^{9} = 1.829{,}92$ Euro
- 2. Jahr: 1.200 Euro $\times (1+0{,}048)^{8} = 1.746{,}11$ Euro
- 3. – 9. Jahr: ...
- 10. Jahr: 1200 Euro $\times (1+0{,}048)^{0} = 1.200{,}00$ Euro

Die Summe aller Teilergebnisse ist 14.953,32 Euro – und damit 717,76 Euro weniger als bei vorschüssiger Zahlung.

Effektivzins und Tilgung berechnen

Effektiver Jahreszins beim Darlehen

Sie erhalten ein Hypothekendarlehen mit folgenden Konditionen:

- Darlehens- oder Nennbetrag: 100.000 Euro

- Zins 3,9 % (Nominalzins)

- Auszahlung 90 %

- Laufzeit 20 Jahre, Tilgung und Zinszahlung erfolgen jährlich, Bearbeitungsgebühren fallen keine an.

Wie hoch ist der jährliche Effektivzins?

Lösungstipps

Der Effektivzins berücksichtigt, anders als der Nominalzins, die ausgezahlte Summe sowie die anfallenden Gebühren. Die Formel zur Ermittlung des Effektivzinses können Sie dem Kapitel „Zinsrechnen" (siehe S. 40) entnehmen:

$$\text{Effektivzins} = \text{Nominalzins} \times \frac{\text{Nennbetrag}}{\text{Auszahlungsbetrag}} + \frac{\text{Disagio}}{\text{Laufzeit}}$$

Das Disagio berechnet sich dabei wie folgt:

$$\text{Disagio (in \%)} = \frac{\text{Nennbetrag} - \text{Auszahlungsbetrag}}{\text{Auszahlungsbetrag}} \times 100$$

Lösung

Berechnen Sie zuerst das Disagio (in Prozent):

$$\text{Disagio} = \frac{100.000 - 90.000}{90.000} \times 100 = 0{,}1111 \times 100 = 11{,}11\,\%$$

Im zweiten Schritt setzen Sie die Variablen in die Effektivzins-Formel ein, womit sich ergibt:

$$3{,}9\,\% \times \frac{100.000\,\text{Euro}}{90.000\,\text{Euro}} + \frac{11{,}11\%}{20\,\text{Jahre}} = 3{,}9\,\% \times 1{,}11 + 0{,}56 =$$

$$= 4{,}33\,\% + 0{,}56\,\% = 4{,}89\,\% \text{ effektiver Jahreszins.}$$

Der Effektivzins beträgt also 4,89 % und liegt damit rund einen Prozentpunkt höher als der Nominalzinssatz.

Praxistipps

- Erst mit dem Effektivzins wissen Sie, was ein Darlehen wirklich kostet. Bei einer Geldanlage gibt der Effektivzins Auskunft darüber, was Sie mit der Anlage erwirtschaftet haben (Rendite).

- Fiele noch eine Bearbeitungsgebühr an, müssten Sie den Auszahlungsbetrag noch um diese kürzen, bevor Sie die Formel anwenden.

- Kreditinstitute müssen bei Kreditangeboten neben dem obligatorischen Nominalzins auch den „anfänglichen effektiven Jahreszins" angeben, worunter der Zins in der Phase der Zinsfestschreibung oder – bei variablen Zinsen – der ersten Fälligkeit zu verstehen ist.

Den internen Zinsfuß berechnen

Übung 16
🕑 4 min

Ein Freund bittet Sie um ein Darlehen in Höhe von 10.000 Euro für seine Firma. Er verspricht Ihnen, das Geld in 5 Jahren zuzüglich aufgelaufener Zinsen in Höhe von 3.000 Euro (insgesamt also 13.000 Euro) zurückzuzahlen. Sie fragen sich, ob Sie dies tun sollen, wenn Sie alternativ das Geld bei Ihrer Bank zu 4 % über 5 Jahre anlegen können.

Vergleichen Sie die Anlagemöglichkeiten durch die Methode des internen Zinsfußes (auf 2 Stellen gerundet).

Lösungstipps

Den internen Zinsfuß bezeichnet man auch als Rendite. Er entspricht ebenfalls der effektiven Verzinsung. Wenn Sie – wie in diesem Fall – den Anfangs- und Endbetrag Ihrer Investition oder Kapitalanlage kennen, errechnen Sie ihn ganz leicht mit folgender Formel:

$$r = \sqrt[n]{\frac{K_n}{A_0}} - 1$$

wobei r der interne Zinsfuß ist, n für die Anlagedauer in Jahren steht, K_n für den Endbetrag inklusive aufgelaufener Zinsen und A_0 für den Anfangsbetrag.

Rechenhinweis: $\sqrt[n]{x}$ ist gleichbedeutend mit $x^{\frac{1}{n}}$.

Lösung

Setzt man in die Formel für $n = 5$, $K_n = 13.000$ Euro und für $A_0 = 10.000$ Euro ein, so erhält man:

$$r = \sqrt[5]{\frac{13.000}{10.000}} - 1 = \sqrt[5]{1,3} - 1 = 1,0539 - 1 = 0,0539 = 5,39\,\%$$

oder:

$$r = \frac{13^{\frac{1}{5}}}{10} - 1 = 1,3^{0,2} - 1 = 0,0539 = 5,39\,\%$$

Da diese effektive Verzinsung den Rechnungszins der Bank (4 %) übersteigt, ist das Darlehen an den Freund empfehlenswerter (natürlich nur, solange die Anlage sicher ist).

Praxistipp

Auch bei Investitionsentscheidungen kann man diese Berechnungsmethode heranziehen, wobei der interne Zinsfuß für die Rendite bzw. effektive Verzinsung steht und jener Rechnungszins ist, bei dem das Investitionsprojekt genauso gut ist wie eine Kapitalmarktalternative, d. h. bei dem der Kapitalwert 0 ist. In einer „Zwei-Zeitpunkte-Situation" wie in unserer Übung lässt sich der interne Zinsfuß (r) leicht errechnen, weil der Anfangs- und Endbetrag gegeben sind. Bei einer Investition ist die Methode jedoch schwerer anzuwenden. Hier müssen Sie probeweise Näherungswerte des Zinssatzes einsetzen, bis Sie den Kapitalwert 0 erreichen, und dann prüfen, ob Sie mit dieser Verzinsung „leben" können.

Darlehenszahlungen – Wie hoch ist die Tilgung?

Ihre Bank bietet Ihnen ein Hypothekendarlehen in Höhe von 100.000 Euro zu 5 % Zinsen, annuitätischer nachschüssiger Tilgung, 10 Jahren Laufzeit und ebenso langer Zinsbindung bei 100 % Auszahlung an. Stellen Sie den Verlauf von Zins und Tilgung über die 10 Jahre dar.

Sie könnten das Darlehen auch mit einem Disagio von 10 % und 3,71 % Nominalzins erhalten. Wie sieht der Verlauf jetzt aus?

Lösungstipp

Bei Darlehen müssen Sie kontinuierlich einen Betrag für Zinsen und Tilgung an die Bank zahlen. Geschieht dies mit einem jährlich konstanten Betrag, nennt man die Zahlung „Annuität". Zur Berechnung der Annuität können Sie folgende Formel verwenden:

$$\frac{p\,(1+p)^n}{(1+p)^n - 1} \times \text{Darlehenssumme} = \text{Annuität}$$

wobei die Variable p für den (Nominal-)Zins steht und n für die Jahre.

Lösung

Darlehenssumme (Nennwert) = 100.000 Euro; n =10 Jahre, Zins p = 5 % = 0,05;

$$\frac{0,05\,(1+0,05)^{10}}{(1+0,05)^{10}-1} \times 100.000 = 12.950,46 \text{ Euro (Annuität)}$$

Jahr	Zinsen	Tilgung	Restbuchwert
1	5.000,00	7.950,46	100.000,00
2	4.602,48	8.347,98	92.049,54
3	4.184,08	8.765,38	83.701,56
4	3.746,81	9.203,65	74.936,18
5	3.286,63	9.663,83	65.732,53
6	2.803,44	10.147,02	56.068,70
7	2.296,08	10.654,37	45.921,68
8	1.763,37	11.187,09	35.267,31
9	1.204,01	11.746,45	24.080,22
10	616,68	12.333,77	12.333,77
11			0,00

Zins 1. Jahr = Darlehen x Zins = 100.000 x 0,05 = 5.000
Tilgung 1. Jahr = Annuität – Zins01 = 12.950,46 – 5.000 = 7.950,56
Zins 2. Jahr = Restschuld02 x Zins = 92.049,54 x 0,05 = 4.602,48 usw.

Auch im zweiten Fall sind 100.000 Euro zu tilgen, obwohl nur 90.000 Euro ausgezahlt werden. Dennoch ist der Verlauf von Tilgung und Zins jetzt anders, da der Zinssatz mit 3,71 % deutlich niedriger ist. Die Annuität beträgt nun 12.151,75 Euro. Die Zinsen des ersten Jahres betragen 3.710 Euro, die Tilgung somit 8.441,75 Euro etc.

Den Kapitalwert ausrechnen

Finanzplan und Alternative   Übung 18
🕐 10 min

Ein Investitionsprojekt, das 50.000 Euro kostet, lässt folgende Zahlungsüberschüsse erwarten:

- Ende des 1. Jahres: 28.000 Euro
- Ende des 2. Jahres: 10.000 Euro
- Ende des 3. Jahres: 20.000 Euro

Alternativ dazu könnte der Investitionsbetrag am Kapitalmarkt zu 3 % angelegt werden. Soll der Investor das Projekt realisieren oder lieber sein Geld am Kapitalmarkt anlegen?

Entscheiden Sie dann: Sollte der Investor das Projekt realisieren, wenn ihm kein Eigenkapital zur Verfügung steht und er die gesamte Investition zu 5 % über ein Festdarlehen (Tilgung am Ende) finanzieren muss?

Lösungstipp

Zur Entscheidungsfindung sind für das Investitionsprojekt und die Alternativen jeweils Finanzpläne zu erstellen. Dabei müssen Sie alle relevanten Zinswirkungen einbeziehen. Umgesetzt wird das Projekt, das den höheren Vermögensendwert erwirtschaftet.

Lösung

Zunächst werden die Werte aus der Fragestellung in einen Finanzplan überführt. Dabei seien A_0 die Anschaffungskosten im Jahr 0 und $E\ddot{U}_t$ die Einzahlungsüberschüsse in den jeweiligen Jahren 1, 2 und 3 (positive Vorzeichen im Finanzplan sind Geldzuflüsse, negative sind Geldabflüsse oder Anlagebeträge):

	Jahr 0	Jahr 1	Jahr 2	Jahr 3
Investition				
A_0	- 50.000			
$E\ddot{U}_t$		+ 28.000	+ 10.000	+ 20.000
Nettozahlungsreihe	- 50.000	+ 28.000	+ 10.000	+ 20.000

Die Nettozahlungsreihe ist nun mit der Alternativanlage zu 3 % zu vergleichen. Dabei muss berücksichtigt werden, dass auch die Einzahlungsüberschüsse des Investitionsprojekts verzinst verwendet werden. Es wird in der Investitionsrechnung allgemein angenommen, dass auch dies zum Alternativanlagesatz (hier: 3 %) geschieht.

Finanzplan Investition vs. Kapitalanlage

	Jahr 0	Jahr 1	Jahr 2	Jahr 3
Investition:				
A_0	– 50.000			
$EÜ_t$		28.000	10.000	20.000
Nettozahlungsreihe	– 50.000	28.000	10.000	20.000
– Anlage der $EÜ_t$		– 28.000	– 10.000	
– angel. Betrag + Zins			28.840	10.300
– Wiederanlage			– 28.840	29.705
Vermögensendwert				**60.005**
Kapitalanlage:				
Anlage am Kapitalmarkt	– 50.000			
– Zinsen		1.500	1.500	1.500
– Anlage Zins		– 1.500	– 1.500	
– angel. Zins + Zinseszins			1.545	1.545
– Anlage Zins + Zinseszins			– 1.545	
– Kapitalrückzahlung				1.591
				50.000
Vermögensendwert				**54.636**

Der Vergleich zeigt, dass das Investitionsprojekt mit 60.005 Euro Vermögensendwert deutlich besser ist als die Kapitalmarktalternative (54.636 Euro). Der Investor sollte daher das Projekt realisieren.

Zur zweiten Entscheidung: Bei einer vollen Darlehensfinanzierung konkurriert das Eigenkapital des Investors nicht mit Alternativen. Solange das zusätzlich aufgenommene Darlehen nicht die Bonität des Investors spürbar mindert, ist eine Kreditaufnahme nur sinnvoll, wenn sich das Projekt von selbst finanziert.

Bei einem Festdarlehen (Tilgung am Ende der Laufzeit) zu 5 % ergeben sich folgende Wirkungen (der Anlagezins für die Einzahlungsüberschüsse $EÜ_t$ beträgt 3 %):

Finanzplan: Investition mit Darlehen

	Jahr 0	Jahr 1	Jahr 2	Jahr 3
Investition:				
A_0	– 50.000			
$EÜ_t$		28.000	10.000	20.000
Nettozahlungsreihe	– 50.000	28.000	10.000	20.000
Darlehen	50.000			
Darlehenszins		– 2.500	– 2.500	– 2.500
Tilgung				– 50.000
Nettozahlungsreihe nach Darlehen	0	25.500	7.500	– 32.500
– Anlage der $EÜ_t$		– 25.500	– 7.500	
– angel. Betrag + Zins			26.265	7.725
– Wiederanlage			– 26.265	
– angel. Betrag + Zins				27.053
Vermögensendwert				**2.278**

Das Projekt finanziert sich von selbst, da nach Berücksichtigung der vollen Fremdfinanzierung ein Gesamtüberschuss erzielt wird (Vermögensendwert ist positiv). Beträgt der Anlagezins zum Beispiel 9 %, klettert der Vermögensendwert sogar auf 5.972 Euro.

Kapitalwert und Rechnungszins

Übung 19

⏱ **10 min**

Es geht erneut um das Investitionsprojekt aus der vorigen Übung, das 50.000 Euro kostet und

- Ende des 1. Jahres 28.000 Euro,
- Ende des 2. Jahres 10.000 Euro und
- Ende des 3. Jahres 20.000 Euro

an Einzahlungsüberschüssen erwarten lässt.

Seine Vorteilhaftigkeit soll nun anhand der Kapitalwertmethode beurteilt werden, wobei der relevante Rechnungszins (auch Kalkulationszinsfuß genannt) die Verzinsung der Alternativanlage (3 %) ist.

Lösungstipp

Der Kapitalwert errechnet sich aus den abgezinsten Einzahlungsüberschüssen/-unterdeckungen abzüglich der Anschaffungskosten. Ist er positiv, sollte das Projekt realisiert werden, ansonsten ist es zu verwerfen.

Bei Anwendung der Kapitalwertmethode knüpfen Sie an die Nettozahlungsreihe aus der Übung 18 an (siehe Tabelle Seite 168) und zinsen diese auf den Beginn des Betrachtungszeitraums (Jahr 0) ab. Abzinsen (auch „Diskontieren" genannt) bedeutet das Gegenteil von Aufzinsen. Beim Abzinsen wird daher nicht mit dem Faktor $(1 + z)^t$ multipliziert, sondern durch diesen Faktor dividiert. Dabei ist z der Rechnungszins (3 %) und t das betreffende Jahr, von dem abgezinst wird.

Lösung

Beginnen wir mit der Abzinsung der Nettozahlungsreihe. Bei 28.000 Euro ist t = 1, bei 10.000 Euro: t = 2 etc.:

- Jahr 1: $\dfrac{28.000 \text{ Euro}}{(1+0,03)^1} = 27.184,47$ Euro

- Jahr 2: $\dfrac{10.000 \text{ Euro}}{(1+0,03)^2} = 9.425,96$ Euro

- Jahr 3: $\dfrac{20.000 \text{ Euro}}{(1+0,03)^3} = 18.302,83$ Euro

Nun müssen Sie die Ergebnisse des Abzinsens summieren und von dieser Summe den Investitionsbetrag abziehen:

27.184,47 + 9.425,96 + 18.302,83 = 54.913,26 Euro

54.913,26 Euro – 50.000 Euro = 4.913,26 Euro

Damit erhalten Sie einen Kapitalwert von +4.913,26 Euro.

Praxistipps

- Den Gesamtwert aus der Summe der abgezinsten Beträge bezeichnet man auch als Barwert (Wert der zukünftigen Zahlungen zu Beginn des Betrachtungszeitraums). Der Barwert (hier: 54.913,26 Euro) ist der Betrag, den der Investor zum geltenden Rechnungszins (hier: 3 %) anlegen muss, um über den Kapitalmarkt die gleiche Nettozahlungsreihe zu erhalten wie über das Investitionsprojekt.

- Tabellenkalkulationsprogramme, wie z. B. Microsoft Excel haben übrigens eine Kapitalwertfunktion integriert.

Mit Renten kalkulieren

Zeitrenten

Übung 20
🕐 **3 min**

Sie möchten ein bebautes Grundstück erwerben und haben die Option, einen Kaufpreis von 300.000 Euro als Einmalbetrag zu zahlen oder eine Zeitrente einzugehen, die jährlich 25.950 Euro am Jahresende beträgt und 15 Jahre läuft.

Würden Sie die 300.000 Euro auf einen Schlag zahlen, müssten Sie diese Summe finanzieren, und zwar über ein Bankdarlehen zu einem Zinssatz von 5 % mit annuitätischer Tilgung und einer Laufzeit und Zinsbindung von 15 Jahren.

Für welche Zahlungsform sollten Sie sich entscheiden?

Lösungstipp

Eine Zeitrente von 25.950 über 15 Jahre bedeutet, dass Sie jährlich diese Summe bezahlen müssen.

Zur Erinnerung: Bei der Fremdfinanzierung fällt eine jährliche Zahlung an, ein konstanter Strom aus Zins und Tilgung, die sog. Annuität. Zur Berechnung dient uns wieder der Annuitätenfaktor, der bei nachschüssiger Zahlung lautet (p steht für den Zins, n für die Jahre):

$$\frac{p\,(1+p)^n}{(1+p)^n - 1} = \text{Annuitätenfaktor}$$

Die Annuität ist dann: $\boxed{\text{Darlehenssumme x Annuitätenfaktor}}$

Lösung

Wie die Zeitrente auch stellt die Annuität eine kontinuierliche Zahlung dar.

Setzt man für p 5 % und für n 15 Jahre ein, errechnet sich folgender Wert für die laufende Zahlung:

$$(1+0,05)^{15} = 1,05^{15} = 2,0789282$$

demnach: $\dfrac{0,05 \times 2,0789282}{2,0789282 - 1} = \dfrac{0,1039464}{1,0789282} = 0,096342$

Annuität: 0,096342 × 300.000 Euro = 28.902,60 Euro

D. h. die Bank verlangt 28.902,60 Euro als laufende Zahlung über die gleiche Laufzeit.

Sie sollten daher das Angebot der Zeitrente nutzen, da es deutlich günstiger ist als die Finanzierung über die Bank.

Praxistipp

Der Kauf auf Rentenbasis kann deutlich günstiger sein als die (komplette) Fremdfinanzierung des Kaufpreises.

Eine Leibrente errechnen   Übung 21

🕐 **3 min**

Herr Haase will sein Unternehmen verkaufen. Der potenzielle Käufer bittet ihn um die Möglichkeit, statt des einmaligen Kaufpreises in Höhe von 1.000.000 Euro eine Leibrente zahlen zu dürfen, die im Falle von Herrn Haases Tod endet.

Zu Beginn der Rentenzahlung hat Herr Haase das 55. Lebensjahr gerade vollendet. Herr Haase geht davon aus, dass er das statistische Durchschnittsalter von 78 Jahren erreicht.

Wie hoch muss die Leibrente sein (bei nachschüssiger Zahlung), damit sie dem einmaligem Kaufpreis entspricht?

Gehen Sie dabei von einem Rechnungszins von 5,5 % aus (gem. Anlage 9a zu § 13 Bewertungsgesetz).

Lösungstipp

Verwenden Sie die Annuitätenformel aus den vorigen Übungen und setzen Sie für *n den Wert* 23 an. Aufgrund der nachschüssigen und jährlichen Zahlung der Rente braucht der Faktor nicht umgeformt zu werden.

Lösung

Im vorliegenden Fall liegt eine einfache Leibrente vor, wie sie beim Unternehmensverkauf regelmäßig Anwendung findet.

Setzt man für p 5,5 % und für n 23 ein, errechnet sich folgender Annuitätenfaktor:

$(1+0,055)^{23} = 1,055^{23} = 3,426152$, demnach:

$$\frac{0,055 \times 3,426152}{3,426152 - 1} = \frac{0,188438}{2,426152} = 0,077670$$

Annuität: 0,077670 x 1.000.000 Euro = 77.670 Euro

Herr Haase müsste eine nachschüssig zu zahlende Jahresrente in Höhe von 77.670 Euro alternativ zum einmaligen Kaufpreis erhalten.

Praxistipp

Leibrenten enden beim Tod des Rentenempfängers, die Zahldauer ist also ungewiss. Am besten, Sie orientieren sich daher bei der Berechnung von Leibrenten an der statistischen Lebenserwartung, z. B. an der Sterbetafel des Statistischen Bundesamts.
Folgen Sie hierzu auf der Website www.destatis.de den Links Bevölkerung → Geburten und Sterbefälle → Tabellen.

Sie können auch eine Garantierente bis zum Ablauf einer bestimmten Zeitdauer vereinbaren (z. B. 10 Jahre), dann wird die Rentenzahlung über den Tod hinaus bis zum Ablauf dieses Zeitraums gezalt. Tritt der Tod nach Ablauf dieses Zeitraums ein, endet die Rente erst dann.

Geld richtig anlegen

Wer sein Geld ertragreich investieren will, lernt hier

- Aktienkennzahlen zu errechnen und Risiken und Chancen abzuwägen,
- Renditen vor und nach Steuer zu berechnen,
- Anleihen und Fonds rechnerisch einzuschätzen und
- aus der Einführung der Abgeltungsteuer Konsequenzen für die Geldanlage zu ziehen.

Darum geht es in der Praxis

Die Medien sind voll mit Tipps zur Geldanlage, insbesondere zur Börse. Berater unterschiedlichster Couleur – angefangen vom Bankberater bis hin zum Versicherungsmakler – preisen ihre Produkte an. Damit Sie die Expertentipps beurteilen können, sollten Sie zumindest die wichtigsten Aspekte bei der Geldanlage in Aktien und Anleihen kennen.

In diesem Kapitel lernen Sie häufig verwendete Wertpapierkennzahlen kennen, so dass Sie sich bei der Investition in einzelne Papiere ein Bild über die Chancen und Risiken machen können. So lernen Sie diverse Renditezahlen zu errechnen, einzuschätzen und verschiedene Werte zu vergleichen.

Gerade Kleinanleger legen ihr Geld auch gerne in Investmentfonds an. Für sie investiert der Fondsmanager das Kapital – nach gewissen Regeln – entweder am Aktien- oder Anleihenmarkt. Er verwaltet also das Geld vieler Anleger und erhält dafür eine Managementgebühr. Hier erfahren Sie, wie Sie die Chancen bei Fonds selbst berechnen können.

Was ändert sich durch die Abgeltungsteuer und welche Vor- und Nachteile entstehen dadurch für Sie? Auch zu dieser Neuerung wollen wir Ihnen effektive Rechenhilfen anbieten – damit Geldanlegen für Sie weiterhin profitabel bleibt.

Aktien besser beurteilen

Das Kurs-Gewinn-Verhältnis berechnen

Übung 22
🕐 **4 min**

1 Die Daimler-Aktie soll einen Schlusskurs von 39,15 Euro haben. Der von Analysten geschätzte Gewinn pro Aktie für das kommende Jahr beträgt 4,10 Euro. Sie möchten wissen, welcher Aktienpreis dem Gewinn gegenübersteht. Dazu können Sie die Kennzahl „Kurs-Gewinn-Verhältnis" (KGV) heranziehen. Berechnen Sie das zu erwartende KGV der Aktie (auf 2 Stellen hinter dem Komma).

2 Die Volkswagen-Aktie hat einen Schlusskurs von 72,49 Euro. Der von Analysten geschätzte Gewinn pro Aktie für das folgende Jahr beträgt 8,60 Euro. Berechnen Sie bitte das zu erwartende KGV der Volkswagen-Aktie.

3 Welche Aktie ist bei Betrachtung des Kurs-Gewinn-Verhältnisses besser?

Lösungstipp

Benutzen Sie bei der Lösung die im ersten Kapitel durchgeführte Methode der Dreisatzberechnung mit geradem Verhältnis. Fragen Sie sich, wie viele Geldeinheiten für eine Einheit zukünftigen Gewinns gezahlt werden müssen.

Lösung

1 Der Dreisatz mit geradem Verhältnis angewandt bedeutet:
   Sie müssen einfach den Kurs der Aktie durch den geschätzten Gewinn pro Aktie dividieren, um den Preis für
   eine Gewinneinheit zu ermitteln:

$$KGV = \frac{39,15 \text{ Euro}}{4,10 \text{ Euro}} = 9,55$$

   D. h. für 1 Euro zukünftigen Gewinn von Daimler müssen
   Sie 9,55 Euro bezahlen.

2 Der Kurs der Volkswagen-Aktie dividiert durch den geschätzten Gewinn pro Aktie ergibt ein KGV von:

$$KGV = \frac{72,49 \text{ Euro}}{8,60 \text{ Euro}} = 8,43$$

   D. h. Sie müssen 8,43 Euro für 1 Euro zukünftigen Gewinn
   von Volkswagen bezahlen.

3 Hier stellen Sie einfach das KGV von Daimler dem von
   Volkswagen gegenüber. Bei VW ist das KGV mit 8,43 niedriger als bei Daimler (9,55) und somit erscheint diese Aktie
   günstiger.

Praxistipp

Der erwartete Gewinn beruht auf Analysen und ist damit
noch nicht wirklich erzielt! Wie gut das Kurs-Gewinn-
Verhältnis tatsächlich ist, werden Sie erst erfahren, wenn die
Unternehmen ihre Gewinne bekanntgeben.

Aktien vergleichen

Übung 23

🕐 **4 min**

1 Berechnen Sie das KGV für folgende Aktienwerte (auf eine Stelle gerundet):

Aktien-name	Kurs heute (in Euro)	Geschätzter Gewinn je Aktie nächstes Jahr (in Euro)
BASF	42,74	4,56
Bayer	46,65	4,43
Techem	62,00	4,21
BMW	41,86	4,69

2 Vergleichen Sie dann das KGV der Chemie-Aktien BASF und Bayer. Welche Aktie würden Sie bei Betrachtung des Kurs-Gewinn-Verhältnisses bevorzugen?

3 Vergleichen Sie schließlich das KGV aller Aktien, die in der Tabelle aufgeführt sind. Welche Aktie würden Sie nun kaufen?

Lösung

1 Das KGV der Aktien stellt sich wie folgt dar:

Aktien-name	Kurs heute (in Euro)	Geschätzter Gewinn je Aktie nächstes Jahr (in Euro)	KGV nächstes Jahr
BASF	42,74	4,56	9,37
Bayer	46,65	4,43	10,53
Techem	62,00	4,21	14,73
BMW	41,86	4,69	8,93

2 Das KGV von BASF und Bayer liegt nah beisammen, so dass hier andere Kriterien bei der Wahl der Aktie mit einbezogen werden sollten (vgl. nachfolgende Übungen).

3 Die Aktie von BMW, da sie das geringste KGV hat.

Praxistipp

Das niedrigste KGV muss jedoch kein Indiz für eine günstigere Bewertung sein. Erstens sollten Sie immer die Aktien einer Branche vergleichen. Zweitens kann ein hohes KGV auch auf ein hohes erwartetes Gewinnwachstum hindeuten. Neben BMW könnte sogar Techem ebenfalls sehr attraktiv sein. Man müsste das KGV von BMW und Techem also mit anderen Aktien der Auto- bzw. Umwelttechnologie vergleichen.

Das Kurs–Cashflow–Verhältnis berechnen

Übung 24

⏱ **3 min**

Eine weitere wichtige Kennziffer zur Beurteilung von Aktien ist das Kurs-Cashflow-Verhältnis. Es gibt an, wie hoch der Nettozufluss an liquiden Mitteln pro Aktie ist.

Die Allianz-Aktie soll einen Schlusskurs von 82,50 Euro haben. Der Cashflow pro Aktie – der sich aus Jahresüberschuss plus Abschreibung und Pensionsrückstellungsveränderung (jeweils aus dem Vorjahr) geteilt durch die Aktienanzahl ergibt – beträgt 12 Euro. Ermitteln Sie das KCV.

Berechnen Sie anschließend das KCV für folgende Aktienwerte:

Aktienname	Kurs heute (in Euro)	Cashflow je Aktie (in Euro)
Commerzbank	6,72	-11,39
Deutsche Bank	51,26	-6,49

Welche der zwei Bankaktien ist bei Betrachtung des Kurs-Cashflow-Verhältnisses als besser zu beurteilen?

Lösungstipp

Ermitteln Sie das KCV analog zum KGV.

Lösung

Auch hier müssen Sie den Kurs der Aktie zur Unternehmens-
kennzahl ins Verhältnis setzen, also durch den Cashflow pro
Aktie dividieren:

$$\frac{82,50 \text{ Euro}}{12 \text{ Euro}} = 6,88$$

D. h. Sie müssen 6,88 Euro für 1 Euro liquiden Zufluss bei der
Allianz bezahlen. Das KCV der anderen Aktien:

Aktienname	Kurs heute (in Euro)	Cashflow je Aktie (in Euro)	KCV
Commerzbank	6,72	-11,39	-0,59
Deutsche Bank	51,26	-6,49	-7,90

Das KCV der Deutschen Bank weist den niedrigsten Wert auf
(größte negative Zahl, gleichbedeutend mit geringstem Net-
toliquiditätsabfluss) und stellt somit die günstigste Bewertung dar.

Praxistipp

Beim Vergleich von Kurs-Cashflow-Verhältnissen gilt wie
beim KGV: Je niedriger die Zahl, desto günstiger ist die Aktie
bewertet. Aber ebenso wie beim KGV macht auch beim KCV
nur ein brancheninterner Vergleich Sinn.

Die Dividendenrendite berechnen

Übung 25
🕐 **5 min**

Die SAP AG zahlt für das letzte Geschäftsjahr eine Dividende in Höhe von 0,59 Euro pro Aktie. Der Kurs von SAP soll heute bei 35,22 Euro liegen. Berechnen Sie die Dividendenrendite der SAP-Aktie. Berechnen Sie dann entsprechend die Dividendenrendite für folgende Aktienwerte:

Aktienname	Kurs heute (in Euro)	Dividende letztes Jahr (in Euro)
Adidas	41,11	0,35
Linde	89,52	1,80
Lufthansa	12,53	0,55
Beiersdorf	42,83	0,90

Welche dieser Aktien würden Sie schließlich nach dem Kriterium der Dividendenrendite kaufen? Vergleichen Sie dabei die Dividendenrendite mit den Renditen bei Sparbriefen.

Lösungstipp

Die Dividendenrendite ergibt sich aus der Division der Dividende durch den aktuellen Kurs, multipliziert mit 100 (Angabe in Prozent).

Lösung

Die Dividendenrendite der SAP-Aktie ergibt sich aus:

$$\frac{\text{Dividende}}{\text{aktueller Kurs}} = \frac{0,59 \text{ Euro}}{35,22 \text{ Euro}} = 0,01675 \times 100 = 1,675\,\%$$

Aktienname	Kurs heute	Dividende letztes Jahr	Dividenden-rendite
Adidas	41,11	0,35	0,9 %
Linde	89,52	1,80	2,0 %
Lufthansa	12,53	0,55	4,4 %
Beiersdorf	42,83	0,90	0,02 %

Im Vergleich schneidet die Lufthansa-Aktie mit der Rendite von 4,4 % im Jahr am besten ab; (falls der entsprechende Gewinn weiterhin so ausfällt). Einjährige Sparbriefe wie Finanzierungsschätze des Bundes erzielen eine Rendite von ca. 2 bis 3 %.

Praxistipps

- Bei Aktienanlagen tragen Sie immer das Risiko des Kursverlusts, das die Dividendenauszahlung bei weitem übersteigen kann.

- Die Auszahlung der Dividende erfolgt meistens im ersten Halbjahr des folgenden Jahres. (Zur Besteuerung der Dividenden vgl. Übung 27, Seite 189).

Die Rendite vor Steuer bei Aktien berechnen

1 Herr Lummer erwarb am 2. Oktober 2010 100 Aktien der Deutschen Telekom AG zu einem Kurs von 10,23 Euro. (Die Deutsche Telekom zahlte für das vergangene Jahr keine Dividende.) Am 1. Oktober 2011 soll die Deutsche Telekom-Aktie einen Schlusskurs von 11,08 Euro haben. Welche Rendite vor Steuer und Gebühr erzielt Herr Lummer, wenn er seine Telekom-Aktien am 1. Juni 2011 zu obigem Kurs verkauft?

2 Wie ändert sich die Rendite, wenn man die Gebühren für Kauf und Verkauf (Transaktionskosten) in Höhe von jeweils 1 % einbezieht?

3 Wie hoch wäre seine Rendite vor Steuer, wenn die Deutsche Telekom am 1. Oktober 2011 eine Dividende von 0,20 Euro pro Aktie gezahlt hätte?

Lösungstipps

Die Rendite vor Steuer bei Aktien ergibt sich aus:

$$\frac{\text{Ertrag} \times 100}{\text{Kaufpreis}} = \text{Rendite } [\text{in \%}]$$

wobei der Ertrag (negativ oder positiv) auf das Jahr umgerechnet werden muss. Dazu verwenden Sie die Formel:

$$\frac{(\text{Verkaufserlös} - \text{Kaufpreis}) \times 360}{\text{Haltedauer in Tagen}}$$

und rechnen den Monat mit 30 und das Jahr mit 360 Tagen.

Lösung

1 Der Preis der 100 Telekom-Aktien betrug 1.023 Euro. Durch den Verkauf zu 1.108 Euro gewann Herr Lummer:

$$\frac{(1.108\ \text{Euro} - 1.023\ \text{Euro}) \times 360}{360} = 85\ \text{Euro}$$

und erzielte damit eine Bruttorendite von:

2 $\dfrac{85\ \text{Euro}}{1.023\ \text{Euro}} \times 100 = 8,31\ \%$

Die Gebühren eingerechnet, ergibt sich:

- Kaufpreis: 1.023 + 1 % = 1.023 + 10,23 = 1.033,23 Euro
- Verkaufspreis: 1.108 – 1 % = 1.096,92 Euro

Daraus ergibt sich der geschmälerte Gewinn/die Rendite:

$$\frac{(1.096,92\ \text{Euro} - 1.033,23\ \text{Euro}) \times 360}{360} = 63,69\ \text{Euro}$$

$$\frac{63,69\ \text{Euro}}{1.033,23\ \text{Euro}} \times 100 = 6,16\ \%$$

3 Bei der Dividendenausschüttung hätte er für seine 100 Aktien 20 Euro (100 × 0,20 Euro) erhalten, die er zu seinem Gewinn hinzuzählen kann. Somit hätte er dann einen Gesamtgewinn von 63,69 Euro + 20 Euro = 83,69 Euro und daraus eine Rendite (vor Steuer) erzielt von:

$$\frac{83,69\ \text{Euro}}{1.033,23\ \text{Euro}} \times 100 = 8,10\ \%$$

Die Rendite nach Steuer bei Aktien berechnen

Übung 27
🕐 5 min

Nun stellen Sie sich natürlich die Frage, wie die Rendite nach Steuer und Gebühren bei einem Investment in Aktien aussieht.

Verkauft Herr Lummer seine Aktien aus der vorigen Übung, muss er auf den Kursgewinn Abgeltungsteuer zahlen. Dafür benutzen Sie den Abgeltungsteuersatz in Höhe von 28 % (25% zzgl. Solidaritätszuschlag und Kirchensteuer).

Wie hoch wäre die Rendite nach Steuer, wenn die Deutsche Telekom am 1. Oktober 2011 eine Dividende von 0,20 Euro pro Aktie zahlen würde?

Lösungstipps

Die Rendite nach Steuer berechnet sich wie folgt: Der Kursgewinn, den man beim Verkauf erzielt hat, wird der Abgeltungsteuer unterworfen. Die Dividende wird ebenfalls nach dem gleichen Prinzip besteuert. Werbungskosten sind nicht mehr abziehbar (nur die Transaktionskosten).

Lösung

Der Kursgewinn lag ohne Gebühren bei 85 Euro. Die Transaktionskosten betrugen gesamt 10,23 + 11,08 = 21,31 Euro. Somit liegt der zu versteuernde Kursgewinn bei:

85 – 21,31 = 63,69

Darauf den Abgeltungsteuersatz angewandt ergibt:

63,69 × 28 % = 17,83 Euro Steuern, d. h. der Kursgewinn wird nochmals um 17,83 Euro geschmälert und beträgt dann: 85 – 21,31 – 17,83 = 45,86.

Die Dividende muss er ebenfalls der Abgeltungsteuer unterziehen. Von den 20 Euro sind also 20 Euro × 28 % = 5,60 Euro abzuführen. Daraus ergibt sich eine Dividende nach Steuer von 14,40 Euro und eine Rendite von:

$$\frac{(45,86 + 14,40) \times 100}{1.033,23} = 5,83\,\%$$

Chancen und Risiken bei Aktien richtig einschätzen

Übung 28
🕐 **4 min**

Die bisher in den Übungen vorgestellten Kennzahlen sind Ertragskennziffern, die sich auf die Chancen im Aktienmarkt beziehen. Aber wie die Erfahrungen zeigen, muss man auch die Risiken am Aktienmarkt miteinbeziehen. Deshalb ist es ratsam, vor der Kaufentscheidung neben dem KGV, dem KCV und der Dividendenrendite auch das Risiko einer Aktie zu betrachten. Letzteres wird durch die Schwankung, im Fachjargon „Volatilität", gemessen.

Die Volatilität gibt an, in welcher Bandbreite sich der tatsächliche Kurs in der Vergangenheit um einen gewissen Trend bewegt hat. Je höher die Volatilität, umso risikoreicher gilt eine Aktie. Dem Risiko muss man natürlich auch die Chance, also die Rendite gegenüberstellen. Durch das Verhältnis Risiko zu Rendite kann eine Aktie gut beurteilt werden.

Berechnen Sie das Risiko/Rendite-Verhältnis der folgenden Aktien. Welche Aktie würden Sie auf dieser Basis kaufen?

	Rendite in % (p.a.)	Risiko in % (p.a.)
Aktie A	38,91	108,21
Aktie B	12,67	20,32
Aktie C	8,32	11,34
Aktie D	5,96	10,69

Lösung

	Rendite in % (p. a.)	Risiko in % (p. a.)	Risiko/Rendite-Verhältnis
Aktie A	38,91	108,21	2,78
Aktie B	12,67	20,32	1,60
Aktie C	8,32	11,34	1,36
Aktie D	5,96	10,69	1,79

Die Aktie C hat das niedrigste Risiko/Rendite-Verhältnis, d. h. für ein Prozentpunkt Rendite haben Sie das 1,36-fache Risiko. Bei den anderen Aktien ist dieser Wert höher; sie besitzen also ein größeres Risiko im Verhältnis zur Rendite.

Praxistipps

Die Rendite- und Risikoberechnung beruht auf Vergangenheitswerten, die nicht unbedingt für die Zukunft gelten müssen. Deshalb müssen auch andere Kennziffern, die Sie in diesem Kapitel bereits kennen gelernt haben, mit einbezogen werden. Und schließlich sollten Sie bedenken, dass nicht die optimale Einzelauswahl langfristig die beste Lösung darstellt, sondern die optimale Zusammenstellung eines Depots.

Die in diesem Kapitel vorgestellten Ertrags- und Risikokennziffern können Sie übrigens leicht auf den Internetseiten von Banken und Discountbrokern sowie in Wirtschafts- und Finanzzeitungen finden.

Anleihen vergleichen

Den fairen Kurswert berechnen

Übung 29
🕐 **9 min**

Sie möchten in eine Anleihe (auch Rentenpapier oder fest-verzinsliches Wertpapier) investieren. Ein Bankberater schlägt Ihnen drei qualitativ gleichwertige Anlagen vor. Alle drei haben eine Laufzeit bis zum 1.7.2012 und zahlen den jährlichen Zins am 1.7. aus. Berechnen Sie für die drei Papiere den fairen Kurswert am 1.6.2010, der sich aus der Summe der Barwerte aller zukünftigen Zahlungen, die man erhält, ergibt. Die Marktrendite beträgt 2,2 %. Welche Anleihe ist am günstigsten?

	Zinssatz	Kurswert am 1.6.2010
Anleihe A	3 %	105,36 %
Anleihe B	5,5 %	112,51 %
Anleihe C	7,0 %	115,90 %

Lösungstipp

Für die Berechnung des Barwerts benötigen Sie als Abzin-sungsfaktor (siehe S. 71) die Marktrendite. Sie beläuft sich hier auf 2,2 %. Die unterjährige Berechnung erfolgt mit 30 Tagen im Monat und 360 Tagen im Jahr. Die Formel lautet:

$$\text{Barwert} = \frac{\text{Zinssatz}}{(1+\text{Marktrendite})^{\text{Tage}/360}}$$

Lösung

Bei der Anleihe A erhalten Sie die 1. Zinszahlung in Höhe von
3 % am 1.7.2010, also 1 Monat (30 Tage) später:

$$\text{Barwert} = \frac{3\,\%}{(1+0,022)^{30/360}} = \frac{0,03}{1,022^{0,0833}} = 0,0299 = 2,99\,\%$$

Die 2. Zinszahlung erhalten Sie am 1.7.2011 (390 Tage später):

$$\text{Barwert} = \frac{3\,\%}{(1+0,022)^{390/360}} = \frac{0,03}{1,022^{1,0833}} = \frac{0,03}{1,0239} = 2,93\,\%$$

Am 1.7.2012 (750 Tage später) bekommen Sie 100 % Ihrer
Einzahlung zurück plus den Zins in Höhe von 3 %, d. h.

$$\text{Barwert} = \frac{100\,\% + 3\,\%}{(1+0,022)^{750/360}} = \frac{1,03}{1,022^{2,0833}} = 98,43\,\%$$

Die Summe der drei Barwerte ergibt den fairen Kurswert. Das
Ergebnis für alle drei Anleihen lautet:

	Zinssatz	Kurswert 1.6.2010	fairer Kurswert
Anleihe A	3,0 %	105,36 %	104,35 %
Anleihe B	5,5 %	112,51 %	111,68 %
Anleihe C	7,0 %	115,90 %	116,09 %

Die Anleihe C ist leicht unterbewertet. Deshalb ist es ratsam,
in sie zu investieren. Wären alle drei Anleihen überwertet,
müsste man sehen, welche am geringsten überbewertet ist.

Die Rendite von Anleihen berechnen

Übung 30
🕐 **9 min**

Für die Berechnung der Renditen von festverzinslichen Wertpapieren benutzt man eine Faustformel (die extrem aufwändige, exakte mathematische Berechnung wird nur von Spezialisten verwendet). Diese Formel lautet:

$$\text{Rendite p.a.} = \frac{\text{Nominalzins in \%} + \dfrac{\text{Nennwert} - \text{akt. Kaufkurs}}{\text{Restlaufzeit in Jahren}}}{\text{akt. Kaufkurs}}$$

Berechnen Sie die geschätzte Rendite für nachfolgende Anleihen. Berechnen Sie anschließend die Rendite nach Steuer. Benutzen Sie dafür einen Abgeltungsteuer-Satz von 28 %

	Nominalzins (in %)	Kurswert (in %)	Restlaufzeit (in Jahren)
Anleihe A	3	94,51	10
Anleihe B	5,5	112,12	6
Anleihe C	7,0	119,23	6

Da sowohl die Zinszahlungen als auch ein sich ergebender Veräußerungsgewinn bzw. -verlust abgeltungsteuerpflichtig sind, müssen für die Berechnung der Rendite nach Steuern sowohl der Nominalzins als auch das Veräußerungsergebnis (Differenz zwischen Nennwert und aktuellem Kaufkurs) in der Faustformel um den Abgeltungsteuersatz reduziert werden.

Lösung

Die geschätzten Renditen p. a. für die drei Anleihen lauten:

$$\text{Rendite A} = \frac{0{,}03 + \dfrac{1 - 0{,}9451}{10}}{0{,}9451} \times 100 = 3{,}76\ \%$$

$$\text{Rendite B} = \frac{0{,}055 + \dfrac{1 - 1{,}1212}{6}}{1{,}1212} \times 100 = 3{,}10\ \%$$

$$\text{Rendite C} = \frac{0{,}07 + \dfrac{1 - 1{,}1923}{6}}{1{,}1923} \times 100 = 3{,}18\ \%$$

Berechnung der Rendite nach Steuern:

Rendite A nach Steuern:
3 % – 28 % von 3 % = 2,16 % = Zins n. St.
(100 % – 94,51%) – 28 % von (100% – 94,51%) = 3,95 %
= Veräußerungsergebnis n. St.

$$\text{Rendite A nach Steuern} = \frac{0{,}0216 + \dfrac{0{,}0395}{10}}{0{,}9451} = 0{,}0270 = 2{,}70\ \%$$

Rendite B nach Steuern:
5,5 % – 28 % von 5,5 % = 3,96 % = Zins n. St.
(100 % – 112,12 %) – 28 % von (100 % – 112,12 %) = – 8,73 %
= Veräußerungsergebnis n. St.

$$\text{Rendite B nach Steuern} = \frac{0{,}0396 + \dfrac{-\,0{,}0873}{6}}{1{,}1212} = 0{,}0223 = 2{,}23\ \%$$

Rendite C nach Steuern:

7,0 % – 28 % von 7,0 % = 5,04 % = Zins n. St.

(100 % – 119,23 %) – 28 % von (100 % – 119,23 %) = – 13,85 %
= Veräußerungsergebnis n. St.

$$\text{Rendite C nach Steuern} = \frac{0,0504 + \dfrac{-0,1385}{6}}{1,1923} = 0,0229 = 2,29\,\%$$

Praxistipp

Haben Sie einen hohen Steuersatz und ist der Sparerfreibetrag schon ausgenutzt, so ist der Kauf von Anleihen mit einem niedrigen Zinskupon sinnvoller (vgl. hierzu die Nach-
steuerrendite der Anleihe A mit B und C).

Investmentfonds einschätzen

Der Cost-Average-Effekt   **Übung 31**
                                    🕐 **3 min**

Die Berechnung der in den Übungen zu den Aktienwerten bzw. den Anleihen aufgezeigten Kennzahlen ist Ihnen doch zu umständlich und Sie wollen nun die Anlageentscheidung auf Spezialisten verlagern. Dafür sind die sogenannten Investmentfonds, die von Anlageexperten gemanagt werden, optimal geeignet. Bei Investmentfonds zahlen Sie eine beliebige Anlagesumme in den Fonds ein und der Fondsmanager legt die Gelder entweder auf dem Aktien-, Anleihen-, Geld- oder Immobilienmarkt an. Ihr Geld erhalten Sie jederzeit bei Verkauf Ihrer Anteile wieder zurück.

Bei Investmentfonds nutzen Sie den Cost-Average-Effekt, d. h. Sie kaufen in regelmäßigen Abständen jeweils mit dem gleichen Sparvolumen Anteile des Fonds. Da der Anteilspreis der Fonds jedoch schwankt, erwerben Sie nicht immer gleich viele Anteile.

Berechnen Sie die Anzahl der Anteile, die Sie bei einer monatlichen Sparsumme von 100 Euro erhalten, wenn der Anteilspreis des Fonds wie folgt schwankt:

	Jan.	Feb.	März	Apr.	Mai	Juni
Kurs in Euro	50	45	41	48	51	55

Lösung

Die Anzahl der Anteile hängt vom Anteilspreis ab und ergibt sich aus der Division von 100 Euro durch den jeweiligen Kurs. Somit erwerben Sie jeweils:

	Jan.	Feb.	März	Apr.	Mai	Juni
Kurs in Euro	50	45	41	48	51	55
Anteile	2,0	2,22	2,44	2,08	1,96	1,82

Das heißt, dass Sie bei fallenden Anteilskursen mehr und bei steigenden Kursen weniger Anteile kaufen. Würden Sie monatlich immer ein Investmentfondsanteil kaufen, ergäbe sich eine ständig wechselnde Anlagesumme.

Praxistipps

Investmentfonds stellen eine ausgezeichnete Alternative zur Einzelanlage dar, da Sie sich nicht selbst um die Anlageentscheidung kümmern müssen. Auch Investmentfonds sind den Regeln der Märkte unterworfen, und somit haben Sie auch hier die gleichen Chancen und Risiken wie bei Einzelwerten. Ihre Auswahl aus den weit über 5000 in Deutschland zugelassenen Fonds sollten Sie sorgfältig treffen und unter anderem von der Anlagestrategie, der einmaligen Verkaufsgebühr (Ausgabeaufschlag) und der jährlichen Verwaltungsgebühr abhängig machen (nachzulesen im Fondsprospekt). Einsteigen können Sie bereits mit kleinen Summen.

Abgeltungsteuer kalkulieren

Seit 01.01.2009 wird die Abgeltungsteuer erhoben, und zwar mit einem feststehenden Satz von 25 % (zzgl. SolZ und ggf. KiSt), unabhängig vom persönlichen Einkommensteuersatz des Anlegers. Und sie wird dort fällig, wo sie entsteht: Sie wird direkt vom Kreditinstitut abgeführt. Daher der Name „Abgeltungsteuer". Damit ist die auf Kapitalerträge entfallene Steuer abgegolten, eine Berücksichtigung in der Steuererklärung ist nicht nötig.

So nutzen Sie die Änderungen

Durch die Abgeltungsteuer kann die Rendite unter Umständen empfindlich beeinflusst werden Es wäre allerdings fatal, sich dadurch von neuen Geldanlagen abhalten zu lassen! Folgende Punkte sind zu beachten:

- Die Abgeltungsteuer gilt für laufende Erträge wie z. B. für Zinsen und Dividenden aus Kapitalvermögen (z. B. Sparkonto, Sparbuch, festverzinsliche Wertpapiere, Aktien, Investmentfonds usw.). Sie gilt aber auch für Gewinne aus Kapitalvermögen (wie z. B. Kursgewinne aus Aktien, Zertifikaten usw.).

- Die Abgeltungsteuer gilt nicht für Gewinne aus privaten Immobiliengeschäften.

- Sie gilt auch nicht bei Lebensversicherungen, die nach Vollendung des 60. Lebensjahres und nach Ablauf von 12 Jahren ausgezahlt werden.

- Ebenso wenig gilt sie bei staatlich geförderten Altersvorsorgeprodukten (wie z. B. Riester).

- Aktien/Aktienfonds: Trotz der Renditeschmälerung durch den Entzug des Halbeinkünfteverfahrens und der steuerbefreienden Spekulationsfrist haben Aktien/Aktienfonds auch in Zukunft langfristig voraussichtlich das höchste Renditepotenzial.

- Als Freund von Zinspapieren gewinnen Sie, denn wenn Sie bisher mit Ihrem Einkommensteuersatz über 25 % lagen verringert sich Ihre Steuerbelastung nun auf 25 % (zzgl. SolZ und ggf. KiSt).

Hinweis: Ausführlichere Informationen zur Abgeltungsteuer finden Sie im TaschenGuide „Geldanlage von A–Z".

Abgeltungsteuer   **Übung 32**
                                             🕐 **5 min**

Ehepaar Graf hat zwei Kinder und ist pflichtversichert in der gesetzlichen Rentenversicherung. Das Ehepaar hat sich 2010 dazu entschieden, sein angespartes Vermögen je zur Hälfte in Aktienfonds und Festgeld anzulegen. Beide Elternteile haben zudem einen Riester-Vertrag zur zusätzlichen Altersvorsorge abgeschlossen. Darüber hinaus leisten sie monatlich einen Beitrag in einen Dachfonds, um zusätzliches Kapital aufzubauen. Welche Konsequenzen hat die Abgeltungssteuer für Ehepaar Graf? Was würde sich ändern, wenn Ehepaar Graf bereits 2008 beschlossen hätte, einen Teil ihres Vermögens in Aktienfonds zu investieren?

Lösungstipp

Zur Beantwortung der Frage sind keinerlei Berechnungen notwendig. Es ist lediglich festzuhalten, welche Anlageformen der Abgeltungssteuer unterliegen und welche nicht (siehe S. 53).

Lösung

- Situation bei Investition in den Aktienfonds im Jahr 2010:
  - Investition in Aktienfonds: Kapital, das ab dem 1.1.2009 in Fonds angelegt wird, unterliegt der Abgeltungsteuer. Sowohl erhaltene Dividenden, als auch Veräußerungsgewinne, die bei Verkauf der Anteile erzielt werden, sind mit 25 % Abgeltungsteuer zzgl. Solidaritätszuschlag (5,5%) und ggfs. Kirchensteuer zu besteuern.
  - Festgeldanlage: Zinserträge aus einem Festgeldkonto unterliegen der Abgeltungsteuer.
  - Riester-Verträge unterliegen nicht der Abgeltungsteuer.
  - Investition in Dachfonds: Wie bei Aktienfonds, unterliegt auch in diesem Fall das angelegte Kapital der Abgeltungsteuer.

- Situation bei Investition in den Aktienfonds im Jahr 2008: Bei einer Anlagedauer von mindestens einem Jahr besteht für Kapital, das vor dem 1.1.2009 in Fonds angelegt wurde, Steuerfreiheit. Veräußerungsgewinne sind in diesem Fall also nicht der Abgeltungsteuer zu unterwerfen. Dividenden sind allerdings unabhängig vom Erwerbszeitpunkt der Aktie grundsätzlich abgeltungsteuerpflichtig.

Abgeltungsteuer berechnen Übung 33
⏲ **10 min**

1 Frau Feierabend hat bei ihrer Bank folgende Anlagen:

Anlage	Guthaben	Zinsen (p.a.)
Girokonto	1.900 €	0,50 %
Spareinlage	12.000 €	3,30 %
Festgeld	30.000 €	3,50 %
Bausparvertrag	6.500 €	1,00 %

Wie hoch ist die zu leistende Abgeltungsteuer im aktuellen Jahr unter Berücksichtigung des vollen Freistellungsauftrages? Gehen Sie bei der Beantwortung der Frage davon aus, dass Frau Feierabend nicht kirchensteuerpflichtig ist.

2 Herr Lebemann erwarb zum 1.5.2009 Aktien der Dividenden-AG. Die Anschaffungskosten (inkl. Nebenkosten) betrugen dabei 15.500 Euro. Am 1.2.2010 veräußerte er diese Aktien zu einem Preis von 20.000 Euro, wobei zusätzliche Kosten in Höhe von 500 Euro anfielen. Ermitteln Sie die steuerliche Belastung von Herrn Lebemann unter Berücksichtigung des vollen Freistellungsauftrages. Herr Lebemann ist nicht kirchensteuerpflichtig.

Lösungstipp

Die steuerliche Belastung umfasst neben der Abgeltungsteuer (25 %) auch den Solidaritätszuschlag (5,5 %) sowie ggf. zu leistende Kirchensteuer. Der Steuerfreibetrag beläuft sich bei Ledigen auf 801 Euro und bei Verheirateten auf 1.602 Euro.

Lösung

1

Anlage	Guthaben	Zinsen (p.a.)	Zinsertrag
Girokonto	1.900 €	0,50 %	9,50 €
Spareinlage	12.000 €	3,30 %	396,00 €
Festgeld	30.000 €	3,50 %	1.050 €
Bausparvertrag	6.500 €	1,00 %	65,00 €

Der gesamte Zinsertrag beläuft sich folglich auf 1.520,50 Euro. Nach Abzug des Steuerfreibetrages i. H. v. 801 Euro im Rahmen des Freistellungsauftrages, verbleibt ein steuerpflichtiger Ertrag von 719,50 Euro. Die Abgeltungsteuer (25 %) beläuft sich dementsprechend auf 179,88 Euro. (Der Solidaritätszuschlag, dessen Bemessungsgrundlage der zu leistende Abgeltungsteuerbetrag darstellt (5,5 % von 179,88 Euro), beläuft sich auf 9,89 Euro. Die gesamte Steuerlast der Frau Feierabend umfasst 189,77 Euro.)

2

Veräußerungspreis	20.000 €
– Kosten der Veräußerung	500 €
– Anschaffungskosten	15.500 €
= Veräußerungsgewinn	4.000 €
– Freistellungsauftrag	-801 €
= steuerpflichtiger Ertrag	3.199 €
Abgeltungsteuer (25 %)	799,75 €
Solidaritätszuschlag (5,5 %)	43,99 €
Steuerlast gesamt	**843,74 €**

Von der Wahrscheinlichkeitsrechnung profitieren

Betriebliche Entscheidungen sind oft mit Risiken behaftet, besonders, wenn Sie nicht alle notwendigen Zahlen dafür haben. In diesem Kapitel erlernen Sie daher,

- Wahrscheinlichkeiten zu errechnen,
- Chancen rechnerisch einzuschätzen und
- den Erwartungswert zu ermitteln.

Darum geht es in der Praxis

„Wie wahrscheinlich ist es, dass ich bei zwei Versuchen eine Drei würfle?" „Wie wahrscheinlich ist ein Sechser im Lotto?" „Wie wahrscheinlich ist ein Gewinn beim Roulette?" Solche Fragen interessieren Menschen, die ihr Glück selbst in die Hand nehmen wollen. Aber was haben Glücksspiel und unternehmerischer Alltag gemein? Sollen im Wirtschaftsalltag nicht gerade wasserdichte Entscheidungen den Zufall ausschalten?

Wie beim Gesellschaftsspiel, Lotto oder Roulette gilt auch im geschäftlichen Alltag: Das realistische Einschätzen von Risiken und Chancen ist die Grundlage für den Erfolg. Stellt man sich nun die Frage, wie denn das Risiko und die Chance genau aussehen, kommt man sehr schnell zu Wahrscheinlichkeiten und deren Berechnung. Tatsächlich hilft die Wahrscheinlichkeitsrechnung auch im Unternehmensalltag, zum Beispiel bei der Überlegung, ob sich die Investition in eine neue Produktionsanlage auch lohnt bei einem Ertrag, der mit einer gewissen Wahrscheinlichkeit eintritt.

Anhand der nachfolgenden Übungen lernen Sie Wahrscheinlichkeiten zu ermitteln. Sie werden sehen, dahinter steckt kein Zauberwerk – im Gegenteil: Die Wahrscheinlichkeitsrechnung ist im Grundsatz sehr einfach und jeder kann sie bereits nach wenigen Übungen für die Lösung vieler alltäglicher Fragen nutzen.

Wahrscheinlichkeiten und Chancen

Würfeln   Übung 34
🕐 **5 min**

Wie wahrscheinlich ist es, mit einem Würfel bei einem Wurf eine Vier zu erhalten? Die Antwort ist einfach: eine von sechs Möglichkeiten, d. h. also $1/6$.

1 Berechnen Sie die Wahrscheinlichkeit, mit einem Würfel in zwei Versuchen einmal die Vier zu erhalten.

2 Wie wahrscheinlich ist es, mit zwei Würfeln ein Dreier-Pasch zu erhalten?

Lösungstipps

Die Wahrscheinlichkeit, dass man im zweiten Versuch eine Vier würfelt, ist ebenfalls $1/6$. Jedoch liegt die Wahrscheinlichkeit, bei zwei Versuchen eine Vier zu erzielen, nicht bei $1/6 + 1/6 = 2/6$. Denn wie sähe das Ergebnis dann bei 8 Versuchen aus? Die Wahrscheinlichkeit wäre $8 \times 1/6 = 8/6$ und damit größer als eins, was nie möglich ist. In der Praxis ist es auch bei weitem nicht so, dass bei 8 Versuchen auf jeden Fall einmal die Vier erzielt wird. Ziehen Sie daher die Wahrscheinlichkeit, zweimal keine Vier zu würfeln, von 1 ab.

Um Frage 2 zu lösen, müssen Sie zunächst die Frage beantworten, wie viele mögliche Zahlenkombinationen es bei zwei Würfeln insgesamt gibt. Zweimal die Drei ist eine Lösung davon, d. h. 1 geteilt durch die Anzahl aller Möglichkeiten entspricht der gesuchten Wahrscheinlichkeit.

Lösung

1 Die Wahrscheinlichkeit, bei einem Versuch mit einem Würfel keine Vier zu erhalten, liegt bei 5 von den 6 möglichen Zahlen, also bei $5/6$. Beim zweiten Versuch sind es ebenfalls $5/6$, d. h. die Wahrscheinlichkeit, bei zwei Würfen eine Vier zu erzielen, beträgt 1 minus die Wahrscheinlichkeit, bei zwei Würfen keine Vier zu erhalten. Das Ergebnis lautet damit:

$$1 - \frac{5}{6} \times \frac{5}{6} = 1 - \frac{25}{36} = \frac{11}{36} = 0{,}306$$

2 Um Wahrscheinlichkeiten von bestimmten Ereignissen zu berechnen, dividieren Sie die Anzahl der gesuchten Kombinationen durch die Anzahl aller Möglichkeiten. Beim Dreier-Pasch handelt es sich um eine Lösung, nämlich (3, 3), aus 36 möglichen. Diese sind

(1,1), (1, 2), (1,3), (1,4), (1,5), (1,6), (2,1), (2,2), (2,3), (2,4), (2,5), (2,6), (3,1), (3,2), (3,3), (3,4), (3,5), (3,6), (4,1), (4,2), (4,3), (4,4), (4,5), (4,6), (5,1), (5,2), (5,3), (5,4), (5,5), (5,6), (6,1), (6,2), (6,3), (6,4), (6,5) und (6,6).

Somit ergibt sich $1/36 = 0{,}028$ als Wahrscheinlichkeit, beim Wurf mit zwei Würfeln einen Dreier-Pasch als Ergebnis zu erhalten.

Praxistipp

Eine Wahrscheinlichkeit von 1 entspricht 100 Prozent, das betreffende Ereignis tritt also mit Sicherheit ein.

Die Chancen ermitteln

Übung 35

🕐 **7 min**

1 In dieser ersten Übung ermitteln Sie die Chance für einen Gewinn beim Roulette. Beim Roulette stehen 36 Zahlen und die Null zur Verfügung, also insgesamt 37 Möglichkeiten. Berechnen Sie die Wahrscheinlichkeit, dass Sie gewinnen, wenn Sie auf

– die Zahl 3,

– die vier Zahlen 32, 33, 35 und 36,

– das zweite Drittel, d. h. die Zahlen 13 bis 24 oder

– alle schwarzen Zahlen (insgesamt 18)

setzen.

2 Sie spielen Lotto „6 aus 49" und wollen wissen, wie groß die Chance ist, einen Sechser zu erzielen. Um die Wahrscheinlichkeit für solch einen Gewinn zu berechnen, müssen Sie, wie Sie nun schon wissen, die Anzahl aller möglichen Lösungen kennen. Diese beträgt 13.983.816. Wie hoch ist nun die Wahrscheinlichkeit, einen Sechser im Lotto zu haben?

3 Wie wahrscheinlich ist es, eines von vier Assen, die in einem Stapel mit 36 Karten liegen, zu ziehen?

Lösung

1 Die Wahrscheinlichkeit, zu gewinnen, ergibt sich aus der Anzahl der gewählten Zahlen dividiert durch die Anzahl aller Möglichkeiten. Somit hat man bei

 − der Zahl 3 die Wahrscheinlichkeit $^1/_{37}$= 0,027,

 − den vier Zahlen 32, 33,35 und 36 die Wahrscheinlichkeit $^4/_{37}$= 0,108,

 − den Zahlen 13 bis 24 die Wahrscheinlichkeit
   $^{12}/_{37}$ = 0,324

 − und bei allen schwarzen Zahlen die Wahrscheinlichkeit $^{18}/_{37}$= 0,486, also knapp 50 %,

zu gewinnen.

2 Ein Sechser im Lotto ist höchst unwahrscheinlich! In Zahlen ausgedrückt sieht dies wie folgt aus:

$$\frac{1}{13.983.816} = 0,00000007 \text{ oder } 0,000007 \text{ %}.$$

3 Die Anzahl der möglichen Lösungen ist 4. Die Gesamtzahl aller Möglichkeiten ist 36, somit beläuft sich die Wahrscheinlichkeit, ein Ass aus dem Kartenstapel zu ziehen, auf $^4/_{36}$ = 0,11 oder 11 %.

Den erwarteten Gewinn ermitteln

Den Erwartungswert beim Roulette berechnen

Übung 36
🕐 **5 min**

Sie werden in dieser Übung berechnen, ob Sie einen Gewinn oder einen Verlust beim Roulettespiel erwarten können. In der Wahrscheinlichkeitsrechnung wird dieser Wert „Erwartungswert" genannt. Er ergibt sich aus der Summe der Wahrscheinlichkeiten für die möglichen Ereignisse, multipliziert mit dem jeweils daraus resultierenden Ertrag, d. h. man benötigt auch den möglichen Gewinn.

Berechnen Sie nun auf der Basis der Ergebnisse aus der Übung 34 den Erwartungswert für das Setzen auf

- die Zahl 3,
- die vier Zahlen 32, 33,35 und 36,
- das zweite Drittel, d. h. die Zahlen 13 bis 24 oder
- alle schwarzen Zahlen (insgesamt 18),

wenn Sie jeweils mit 10 Euro spielen. Haben Sie richtig getippt, erhalten Sie Ihre 10 Euro Einsatz zurück und darüber hinaus bei

- der Zahl 3: 350 Euro
- den vier Zahlen 32, 33,35 und 36: 80 Euro
- den Zahlen 13 bis 24: 20 Euro
- bei allen schwarzen Zahlen: 10 Euro.

Lösung

Die Wahrscheinlichkeit zu gewinnen war bei

- der Zahl 3: $1/37$,
- den vier Zahlen 32, 33,35 und 36: $4/37$,
- den Zahlen 13 bis 24: $12/37$
- und bei allen schwarzen Zahlen: $18/37$.

Die Wahrscheinlichkeiten, die 10 Euro zu verlieren, sind dann entsprechend 1 minus der Wahrscheinlichkeit zu gewinnen. Die Summe dieser Werte multipliziert mit dem möglichen Ergebnis ergeben den jeweiligen Erwartungswert, d. h. den Wert, mit dem Sie bei einer hinreichend großer Zahl von Versuchen rechnen können. Die Erwartungswerte lauten also beim Setzen auf

- die 3: $1/37 \times 350$ Euro $+ 36/37 \times$ -10 Euro $= -0{,}27$ Euro
- die 32, 33,35 und 36: $4/37 \times 80 + 33/37 \times$ -10 $= -0{,}27$ Euro
- die 13 bis 24: $12/37 \times 20 + 25/37 \times$ -10 $= -0{,}27$ Euro
- die schw. Zahlen: $18/37 \times 10 + 19/37 \times$ -10 $= -0{,}27$ Euro.

D. h. man hat pro Spiel, egal auf was man setzt, einen erwarteten Verlust in Höhe von 0,27 Euro. Der Erwartungswert ist also für alle Lösungen gleich. Dies liegt daran, dass der ausgezahlte Gewinn entsprechend festgelegt wurde, um genau dieses Ergebnis zu erreichen.

Die errechneten Wahrscheinlichkeiten schließen natürlich nicht aus, dass man beim einmaligen Versuch Glück hat und sofort gewinnt.

Den Erwartungswert für eine Investitionsentscheidung nutzen

Übung 37

🕐 **5 min**

Sie überlegen sich, ob sich die Investition in eine neue Produktionsanlage lohnt. Natürlich führen Sie dafür eine Kalkulation wie in der Investitions- und Finanzierungsrechnung üblich durch. In dieser Übung erfahren Sie, wie Sie die Wahrscheinlichkeitsrechnung zusammen mit dem Erwartungswert nutzen können, um Ihre Entscheidung noch näher zu spezifizieren.

Die Anlage kostet 100.000 Euro und ist nach 10 Jahren abgeschrieben, d. h. der Anlagenwert beträgt in 10 Jahren 0 Euro. Sie möchten nun wissen, ob sich der Kauf lohnt. Den jährlichen Reinertrag nach Abzug aller Kosten können Sie nicht genau ermitteln. Deshalb greifen Sie auf Erfahrungswerte zurück und erhalten folgendes Ergebnis:

Mit einer Wahrscheinlichkeit von

- 0,5 erzielen Sie pro Jahr einen durchschnittlichen Reinertrag von 14.100 Euro,

- 0,2 erzielen Sie pro Jahr einen durchschnittlichen Reinertrag von 12.500 Euro,

- 0,3 erzielen Sie pro Jahr einen durchschnittlichen Reinertrag von 11.500 Euro.

Berechnen Sie den Erwartungswert vom durchschnittlichen Reinertrag pro Jahr und den daraus resultierenden Barwert (siehe S. 71). Lohnt sich die Investition?

Lösung

Zunächst berechnen Sie den Erwartungswert für den Reinertrag pro Jahr. Dieser ergibt sich aus:

$0,5 \times 14.100 + 0,2 \times 12\,500 + 0,3 \times 11.500 = 13.000$

Mit diesen 13.000 Euro als Reinertrag führen Sie nun Ihre Investitionsrechnung durch, d. h. Sie ermitteln zunächst den Barwert und vergleichen ihn dann mit der Investitionssumme. Ihr Kalkulationszinssatz für die Abzinsung beträgt 5 %. Das Ergebnis lautet (vgl. Formel auf S. 71):

1. Jahr: $\dfrac{13.000 \text{ Euro}}{1,05} = 12.381 \text{ Euro}$

2. Jahr: $\dfrac{13.000 \text{ Euro}}{1,05^2} = 11.791 \text{ Euro}$

3. Jahr: 11.230 Euro, 4. Jahr: 10.695 Euro,
5. Jahr: 10.186 Euro, 6. Jahr: 9.701 Euro, 7. Jahr: 9.239 Euro,
8. Jahr: 8.799 Euro, 9. Jahr: 8.380 Euro, 10. Jahr: 7.981 Euro

Nun müssen Sie die Ergebnisse summieren und davon den Investitionsbetrag abziehen:

100.383 Euro – 100.000 Euro = 383 Euro

Damit erhalten Sie einen Kapitalwert von 383 Euro, d. h. die Investition lohnt sich.

Die Kostenrechnung durchführen

Rund um die Kosten fallen die wichtigsten betriebswirtschaftlichen Entscheidungen. So lernen Sie in diesem Kapitel,

- mit der besten Methode abzuschreiben,
- Preise zu kalkulieren und die Gewinnschwelle zu ermitteln sowie
- die Deckungsbeitragsrechnung sicher anzuwenden.

Darum geht es in der Praxis

Der Wert von Immobilien, Maschinen und Fahrzeugen wird durch die Abnutzung von Jahr zu Jahr geringer. Deshalb werden durch Abschreibungen die Werte des Anlagevermögens an die Realität angeglichen. Das Handelsrecht und in gewissem Umfang auch das Steuerrecht gewähren Ihnen bei der Wahl der Abschreibung einen Entscheidungsspielraum. Mit der richtigen Abschreibung lassen sich Steuern sparen – und dafür müssen Sie wissen, wie Sie die Abschreibung berechnen.

Egal, ob in einem kleinen Betrieb oder einem Großkonzern, die Kosten sind eine zentrale Kenngröße und für Sie von wesentlicher Bedeutung, wenn Sie ein Unternehmen oder einen Bereich leiten, Controllingfunktionen haben oder auch nur ein Produkt managen. Daher sollten Sie möglichst gut über Kostenarten (z. B. Personal-, Material-, Kapital-, Betriebsmittel- und Energiekosten) und Kostenträger (z. B. ein Produkt, ein Kunde) Bescheid wissen. Wie die Kostenrechnung in Form der Kalkulation funktioniert, wird Ihnen in diesem Kapitel näher gebracht.

Der Deckungsbeitrag gilt als unverzichtbares Instrument zur betrieblichen Planung und Gewinnsteuerung. Er beziffert die Summe, die ein Kostenträger zur Deckung der fixen Kosten beiträgt. Wie Sie ihn errechnen und was einstufige und zweistufige Deckungsbeitragsrechnung unterscheidet, lernen Sie ebenfalls in diesem Kapitel. Schließlich erfahren Sie, wie Sie die Gewinnschwelle berechnen.

Die Abschreibungen berücksichtigen

Die lineare Abschreibung — Übung 38
⏱ 5 min

1 Ein Pkw im Wert von 33.000 Euro soll in 6 Jahren linear abgeschrieben werden. Berechnen Sie den jährlichen Abschreibungsbetrag.

2 Eine Produktionsanlage in einem Unternehmen mit einem Anschaffungswert von 350.000 Euro soll in 7 Jahren linear abgeschrieben werden. Geben Sie den jährlichen Abschreibungsbetrag an und erstellen Sie den Abschreibungsplan, d. h. eine Tabelle mit den Buchwerten der Anlage zum Jahresanfang.

3 Eine Maschine mit einem Anschaffungswert von 78.000 Euro soll linear auf einen Restbuchwert von 8.000 Euro in 7 Jahren abgeschrieben werden. Wie hoch ist die jährliche Abschreibung?

Lösungstipp

Bei der linearen Abschreibung wird der jährliche Abschreibungsbetrag berechnet, indem man die Anschaffungskosten durch die Nutzungsdauer dividiert. Folglich sind die jährlichen Abschreibungsbeträge gleich hoch. Wird ein Restbuchwert berücksichtigt, so muss dieser noch von den Anschaffungskosten abgezogen werden.

Lösung

1 Der jährliche Abschreibungsbetrag ergibt sich aus:

$$\frac{33.000 \text{ Euro}}{6 \text{ Jahre}} = 5.500 \text{ Euro}$$

2 Die jährliche Abschreibung wird berechnet durch:

$$\frac{350.000 \text{ Euro}}{7} = 50.000 \text{ Euro}$$

Der Abschreibungsplan sieht dann wie folgt aus:

Jahr	Buchwert am Jahresanfang (Euro)	Jährliche Abschreibung (Euro)
1	350.000	50.000
2	300.000	50.000
3	250.000	50.000
4	200.000	50.000
5	150.000	50.000
6	100.000	50.000
7	50.000	50.000

3 Die jährliche Abschreibung entspricht dem Anschaffungs-
betrag minus Restwert, dividiert durch die Jahre:

$$\frac{78.000 \text{ Euro} - 8.000 \text{ Euro}}{7} = 10.000 \text{ Euro}$$

Die geometrisch-degressive Abschreibung

Übung 39

🕐 **5 min**

1 Angenommen, die Produktionsanlage aus Frage 2 der vorigen Übung hätte einen Abschreibungssatz von 20 % degressiv. Wie sieht nun der Abschreibungsplan aus?

2 Angenommen, die vorige Maschine hätte eine Lebensdauer von zehn Jahren und würde mit einem Abschreibungssatz von 30 % degressiv abgeschrieben. Wie hoch ist der Restbuchwert nach 3 Jahren?

Lösungstipp

Der jährliche Abschreibungsbetrag bei der geometrisch-degressiven Abschreibung berechnet sich, indem immer der gleiche Prozentsatz vom jeweiligen Restbuchwert abgeschrieben wird.

Die Formel zur Ermittlung des Restbuchwertes können Sie dem Kapitel „Abschreibungen" (siehe S. 87) entnehmen.

Lösung

1 Abschreibungsplan:

Jahr	Buchwert Jahresanfang (in Euro)	Jährliche Abschreibung (in Euro)
1	350.000,00	70.000,00
2	280.000,00	56.000,00
3	224.000,00	44.800,00
4	179.200,00	35.840,00
5	143.360,00	28.672,00
6	114.688,00	22.937,60
7	91.750,40	18.350,08

2 Restbuchwert = $350.000 \times (1 - \dfrac{30}{100})^3 = 120.050$ Euro.

Praxistipps

Die geometrisch-degressive Abschreibung trägt dem hohen Wertverlust bestimmter Anlagegüter in den ersten Jahren Rechnung. Theoretisch erreicht der Restwert bei dieser Methode nie Null. Es ist deshalb erlaubt, von der geometrisch-degressiven zur linearen Abschreibung zu wechseln (gilt umgekehrt nicht). Nach einigen steuerrechtlichen Änderungen wurde sie für Neuanschaffung ab 2008 abgeschafft. Im Rahmen des von der Bundesregierung verabschiedeten Konjunkturpakets wurde sie 2009 – zunächst begrenzt auf zwei Jahre – wieder eingeführt. Sehen Sie zur Sicherheit stets im Gesetz nach (§ 7 EStG), welche Regelung aktuell zum Zeitpunkt der Anschaffung gilt.

Übergang zur optimalen Abschreibung

Übung 40

🕐 **6 min**

1 Wechseln Sie bei der Produktionsanlage aus Frage 2 der Übung 37 zur linearen Abschreibung, und zwar in dem Jahr, in dem sich dadurch eine höhere Abschreibung als bei der geometrisch-degressiven ergibt. Wie sieht der Abschreibungsplan dann aus?

2 Berechnen Sie dann die optimale Abschreibungssumme. Wie sieht nun der Abschreibungsplan aus?

Lösungstipp

Um die optimale Abschreibungssumme zu ermitteln, dividieren Sie den Restbuchwert von dem Jahr, in dem die lineare Abschreibung zum ersten Mal höher ist, durch die Anzahl der noch verbleibenden Jahre.

Lösung

1 Abschreibungsplan (alle Zahlen in Euro)

Jahr	Buchwert Jahres- anfang	Geom.- degressive Abschr.	Lineare Abschr.	Geo.-deg. und lineare Abschr.
1	350.000	70.000	50.000	70.000
2	280.000	56.000	50.000	56.000
3	224.000	44.800	50.000	50.000
4	174.000	35.840	50.000	50.000
5	124.000	28.672	50.000	50.000
6	74.000	22.937,60	50.000	50.000
7	24.000	18.350,08	50.000	24.000

2 Im 3. Jahr ist die lineare Abschreibung höher als die geometrisch-degressive. Dividieren Sie den Buchwert dieses
Jahres durch die Anzahl der restlichen Jahre (5), dann erhalten Sie eine optimale lineare Abschreibung in Höhe von
44.800 Euro.

Praxistipp

Erzielt Ihr Unternehmen hohe Gewinne, können Sie durch die
geometrisch-degressive Abschreibung viel abschreiben und
dadurch Steuern sparen. Rechnen Sie in Zukunft mit einer bes-
seren Entwicklung, ist die lineare Abschreibung ratsam.

Die digitale Abschreibung   Übung 41
🕐 **8 min**

1 Erstellen Sie den Abschreibungsplan für eine Maschine, die einen Anschaffungswert von 90.000 Euro sowie eine Nutzungsdauer von 5 Jahren besitzt und arithmetisch-degressiv (auch: digital) abgeschrieben wird.

2 Die Anschaffungskosten einer Maschine betragen 24.000 Euro. Der Wertverlust soll gemäß der Leistung abgeschrieben werden. Die erwartete Gesamtleistung beläuft sich auf 11.000 Betriebsstunden, davon im ersten Jahr 4.000, im zweiten 3.000, im dritten 2.500 und im vierten Jahr 1.500 Stunden. Wie lauten die Abschreibungsbeträge für die einzelnen Jahre?

Lösungstipp

Bei der digitalen Abschreibung bleibt der Degressionsbetrag konstant, d. h. die Abschreibungsbeträge vermindern sich jährlich um den gleichen Betrag. Den Degressionsbetrag erhält man, indem man die Anschaffungskosten durch die Summe der Jahresziffern der Nutzungsjahre dividiert. Bei 5 Nutzungsjahren ergibt sich z. B. eine Summe der Jahresziffern von $1 + 2 + 3 + 4 + 5 = 15$. Der Abschreibungssatz im ersten Jahr ist dann $5/15$, im zweiten $4/15$ usw.

Bei der Leistungsabschreibung ergibt sich die jährliche Abschreibungssumme aus dem Quotient der Leistungsabgabe des betreffenden Jahres und dem gesamten Leistungsvorrat.

Lösung

1 Der Degressionsbetrag ergibt sich aus:

$$\frac{90.000 \text{ Euro}}{1+2+3+4+5} = \frac{90.000 \text{ Euro}}{15} = 6.000 \text{ Euro}$$

Um diesen Betrag vermindert sich die jährliche Abschreibung, woraus sich folgender Plan ergibt:

Jahr	Buchwert am Jahresanfang	Abschreibungssatz	Jährliche Abschreibung
1	90.000 Euro	$5/15$	30.000
2	60.000 Euro	$4/15$	24.000
3	36.000 Euro	$3/15$	18.000
4	18.000 Euro	$2/15$	12.000
5	6.000 Euro	$1/15$	6.000

2 Die Abschreibungsbeträge sind:

1. Jahr: $\dfrac{24.000 \times 4.000}{11.000} = 8.727,27 \text{ Euro}$ und analog:

2. Jahr: 6.545,45 Euro

3. Jahr: 5.454,54 Euro und

4. Jahr: 3.272,73 Euro.

Den Preis richtig kalkulieren

Kalkulation im Handel Übung 42
⏱ 8 min

Die Olivenbaum Vertriebs GmbH & Co. KG kauft einen Olivenbaum für 20 Euro ein und erhält darauf 10 % Lieferrabatt. Darüber hinaus bekommt sie noch ein Skonto von 2 %. Die Fracht ist frei, es fallen also keine Bezugskosten an. Es wird ein Gewinn von 100 % angestrebt. Dabei ist zu berücksichtigen, dass die Kunden in der Regel ein Skonto von 2 % und einen durchschnittlichen Rabatt von 10 % erhalten.

1 Berechnen Sie den Bruttoverkaufspreis, inklusive der Umsatzsteuer in Höhe von 19 %, um den gewünschten Gewinn mindestens zu erreichen.

2 Wie verändert sich der Bruttoverkaufspreis, wenn die Frachtkosten 0,50 Euro pro Pflanze betragen?

Lösungstipp

Ziehen Sie die Rechnung von hinten auf. Berechnen Sie zunächst die Selbstkosten. Zu diesen Kosten müssen Sie die Gewinnspanne rechnen. Dies ergibt den sog. Barverkaufspreis. Anschließend berücksichtigen Sie die Kundenrabatte (Skonto und andere Rabatte). Somit erhalten Sie dann den Nettoverkaufspreis.

Lösung

Preiskalkulation im Handel			
	Fall 1	Fall 2	
	Preis (in Euro)		%-Anteil
Listeneinkaufspreis	20,00	20,00	
– Rabatt	2,00	2,00	10 %
– Skonto	0,40	0,40	2 %
+ Bezugskosten	0	0,50	
= Selbstkosten	17,60	18,10	
+ Gewinnspanne	17,60	18,10	100 %
= Barverkaufspreis	35,20	36,20	88 %
+ Kundenrabatt	4,00	4,11	10 %
+ Kundenskonto	0,80	0,82	2 %
= Nettoverkaufspreis	40,00	41,13	100 %
+ Umsatzsteuer	7,60	7,81	19 %
= Bruttoverkaufspreis	47,60	48,94	119 %

1 D. h. die Olivenbaum Vertriebs GmbH & Co. KG muss einen Baum für mindestens 47,60 Euro verkaufen, um die gewünschte Gewinnspanne zu erreichen.

2 Kommen Frachtkosten hinzu, müssen Sie diese bei den Selbstkosten mit berücksichtigen. Damit erhält man:

- Selbstkosten = 20,00 – 2 – 0,40 + 0,50 = 18,10 Euro
- Barverkaufspreis = 18,10 + 18,10 = 36,20 Euro
- NVP = 36,20 / (100 % – 2 % – 10 %) = 41,13 Euro
- BVP = 41,13 + 41,13 x 19 % = 48,94 Euro.

Kalkulation in der Industrie   Übung 43
⏱ 8 min

Die Fruchtsaft GmbH zahlt für 1 kg Äpfel 0,10 Euro (daraus soll ein Liter Apfelsaft gewonnen werden). Der Fertigungslohn für einen Liter Apfelsaft liegt bei 0,12 Euro, die anteiligen Fertigungsgemeinkosten (wie z. B. Miete, Strom usw.) bei 0,03 Euro. Die anteiligen Verwaltungs- und Vertriebskosten kommen auf 0,08 Euro pro Liter Apfelsaft. Die Gewinnspanne soll mindestens 80 % betragen. Kundenskonto gibt es keinen, jedoch ein Kundenrabatt in Höhe von 10 %. Die Vertreterprovision beträgt immer 20 %.

1   Berechnen Sie den Bruttoverkaufspreis für einen Liter Apfelsaft unter Berücksichtigung der Umsatzsteuer in Höhe von 19 %, um den gewünschten Gewinn zu erreichen.

2   Wie verändert sich der Bruttoverkaufspreis, wenn die Gewinnspanne 120 % beträgt?

Lösungstipp

Bei der Preiskalkulation gibt es zwei Methoden: Die Vollkosten-Methode und die Deckungsbeitragsrechnung. In diesem Kapitel haben Sie die Vollkosten-Methode kennen gelernt. Im nächsten Kapitel können Sie Übungen zur Deckungsbeitragsrechnung finden.

Lösung

Preiskalkulation in der Industrie				
	Fall 1		Fall 2	
	Euro	%	Euro	%
Materialkosten	0,10		0,10	
+ Material-GK				
+ Fertigungslohn	0,12		0,12	
+ Fertigungs-GK	0,03		0,03	
= Herstellkosten	**0,25**		**0,25**	
+ Verwalt. / Vertriebs- GK	0,08		0,08	
= Selbstkosten	**0,33**		**0,33**	
+ Gewinnspanne	0,26	80	0,40	120
= Barverkaufspreis	**0,59**	**80**	**0,73**	**80**
+ Vertreterprovision	0,15	20	0,18	20
= Zielverkaufspreis	**0,74**	**90**	**0,91**	**90**
+ Kundenrabatt	0,08	10	0,10	10
= Nettoverkaufspreis	**0,82**	**100**	**1,01**	**100**
+ Umsatzsteuer	0,16	19	0,19	19
= Bruttoverkaufspreis	**0,98**	**119**	**1,20**	**119**

1 D. h. die Fruchtsaft GmbH muss bei 80 % Gewinnspanne für einen Liter Apfelsaft mindestens 0,98 € verlangen.

2 Soll die Gewinnspanne 120 % betragen, ergibt sich ein Bruttoverkaufspreis von 1,20 Euro. 40 %-Punkte mehr Gewinn würde den Literpreis also um ca. 23 % verteuern.

Den Deckungsbeitrag ermitteln

Die einfache Deckungsbeitragsrechnung

Übung 44
⏱ 5 min

Ein Unternehmen fertigt die Produkte A, B und C. Folgende Zahlen sind bekannt.

	Produkt A	Produkt B	Produkt C
Stück	3.000	2.500	1.000
Verkaufspreis (in Euro)	21,00	35,00	43,00
variable Stückkosten (in Euro)	12,50	28,00	34,50

Die gesamten Fixkosten betragen 29.500 Euro.

Wie hoch sind die Deckungsbeiträge I der Produkte A, B und C? Und wie hoch ist das Betriebsergebnis?

Lösungstipps

Der einfache Deckungsbeitrag (Deckungsbeitrag I) pro Stück ergibt sich aus dem Preis pro Stück minus variable Stückkosten, der gesamte Deckungsbeitrag I aus dem Deckungsbeitrag I pro Stück multipliziert mit der Stückzahl. Das Betriebsergebnis erhält man dann, indem man von der Summe der Deckungsbeiträge I die fixen Kosten abzieht. Weitere Informationen können Sie dem Kapitel „Deckungsbeitragsrechnung" (siehe S. 106) entnehmen.

Lösung

Der Deckungsbeitrag I (DB I) pro Stück lautet (in Euro):

	Produkt A	Produkt B	Produkt C
Verkaufspreis	21,00	35,00	43,00
– variable Stückkosten	12,50	28,00	34,50
= DB I pro Stück	8,50	7,00	8,50

Die Deckungsbeiträge I ergeben sich aus:

	Produkt A	Produkt B	Produkt C
Verkaufserlöse	63.000	87.500	43.000
– variable Kosten	37.500	70.000	34.500
= DB I	25.500	17.500	8.500

Die Summe der Deckungsbeiträge I = 51.500 Euro.

Daraus resultiert das Betriebsergebnis
(Summe der Deckungsbeiträge I – Fixkosten):

Betriebsergebnis = 51.500 Euro – 29.500 Euro = 22.000 Euro

Die zweistufige Deckungsbeitragsrechnung

Übung 45
🕐 **5 min**

Ein Unternehmen fertigt die Produkte A, B und C. Folgende Zahlen sind bekannt (in Euro).

	Produkt A	Produkt B	Produkt C
Verkaufserlöse	63.000	87.500	43.000
variable Kosten	37.500	70.000	34.500
erzeugnisfixe Kosten	5.000	8.500	3.000

Die unternehmensfixen Kosten betragen noch 13.000 Euro. Wie hoch sind die Deckungsbeiträge II der Produkte A, B und C und wie lautet das Betriebsergebnis? Welches Produkt ist am rentabelsten?

Lösungstipp

Der zweistufige Deckungsbeitrag II ergibt sich, wenn Sie vom einfachen Deckungsbeitrag I die erzeugnisfixen Kosten abziehen. Werden davon noch die unternehmensfixen Kosten subtrahiert, erhalten Sie das Betriebsergebnis.

Ein Produkt ist umso rentabler, je größer der Anteil des Deckungsbeitrags II am Verkaufserlös ist.

Lösung

Der Deckungsbeitrag II (DB II) lautet (Angaben in Euro):

	Produkt A	Produkt B	Produkt C
Verkaufserlöse	63.000	87.500	43.000
− variable Kosten	37.500	70.000	34.500
= DB I	25.500	17.500	8.500
− erzeunisf. Kosten	5.000	8.500	3.000
= DB II	20.500	9.000	5.500
Anteil DB II am Verkaufserlös	32,54 %	10,29 %	12,79 %

Die Summe der Deckungsbeiträge II beläuft sich auf 35.000 Euro.

Daraus resultiert das Betriebsergebnis (Summe der Deckungsbeiträge − unternehmensfixe Kosten):

35.000 Euro −13.000 Euro = 22.000 Euro

Das Produkt A hat zwar einen geringeren Umsatz, weist aber den besten prozentualen Deckungsbeitrag auf und ist somit am rentabelsten.

Praxistipp

Die Ertragslage eines Unternehmens wird verbessert, wenn der Verkauf der Produkte mit dem besten prozentualen Deckungsbeitrag II gesteigert wird.

Wo liegt die Gewinnschwelle?

Break-even-Punkt · Übung 46
⏱ 5 min

Wann gelangt ein Produkt oder eine Produktionsanlage in die Gewinnzone? Dies zeigt die Gewinnschwelle auf, auch als Break-even-Punkt bezeichnet. Im Break-even-Punkt fällt weder Gewinn noch Verlust an.

Die Marmolada GmbH hat einen neuen Bergsteigerhut entwickelt; sie produziert und verkauft davon in diesem Jahr 25.000 Stück. Die maximale Produktionskapazität liegt bei 50.000 Stück. Auf wie viel muss die Marmolada GmbH die jährliche Produktion erhöhen, um den Break-even-Punkt zu erreichen, wenn die gesamten Fixkosten 105.000 Euro, der gesamte Erlös in diesem Jahr 100.000 Euro und die variablen Kosten 30.000 Euro betragen (dabei wird ein vollständiger Verkauf der produzierten Hüte angenommen)? Berechnen Sie den Auslastungsgrad, der im Break-even-Punkt erreicht wird.

Lösungstipp

Der Break-even-Punkt ergibt sich aus: $\dfrac{\text{gesamte Fixkosten}}{\text{Stückdeckungsbeitrag}}$

Wobei gilt:

$$\text{Stückdeckungsbeitrag} = \frac{\text{Erlöse}}{\text{Stück}} - \frac{\text{variable Kosten}}{\text{Stück}}$$

$$\text{Auslastungsgrad}(\%) = \frac{\text{tats. Produktionsmenge}}{\text{max. Produktionskapazität}} \times 100$$

Lösung

Zunächst berechnet man den Stückdeckungsbeitrag:

$$\text{Stückdeckungsbeitrag} = \frac{100.000 \text{ Euro}}{25.000} - \frac{30.000 \text{ Euro}}{25.000}$$

$$= 2,80 \text{ Euro}$$

Daraus ergibt sich der Break-even-Punkt bei:

$$\frac{105.000 \text{ Euro}}{2,80 \text{ Euro}} = 37.500$$

D. h. bei 37.500 Bergsteigerhüten hat die Marmolada GmbH die Gewinnschwelle erreicht. Prüfung des Ergebnisses: Bei 37.500 Hüten erzielt man einen Erlös von 150.000 Euro.

$$\left(\text{Rechenweg}: \frac{100.000}{25.000} = 4; \ 4 \times 37.500 = 150.000 \right)$$

Die variablen Kosten betragen 45.000 Euro, somit sind die fixen Kosten in Höhe von 105.000 Euro voll gedeckt.

$$\left(\text{Rechenweg}: \frac{30.000}{25.000} = 1,2; \ 1,2 \times 37.500 = 45.000 \right)$$

Der Auslastungsgrad ergibt sich aus: $\dfrac{37.500}{50.000} \times 100 = 75\ \%$

Praxistipp

Tritt der Break-even-Punkt eines Gutes erst bei einer Produktionsmenge ein, die nur mit einem Auslastungsgrad von über 100 % erreichbar wäre, so sind verschiedene Maßnahmen wie z. B. Senkung der variablen bzw. fixen Kosten oder Erhöhung des Erlöses (falls dies am Markt durchsetzbar ist) zu treffen, um das Produkt rentabel zu machen.

Unternehmenskennzahlen ermitteln

In diesem Kapitel lernen Sie schließlich, das Unternehmen als Ganzes zu beurteilen, indem Sie

- wichtige Kennzahlen zur Kapitalstärke und Liquidität bilden,
- die Einhaltung von Bilanzregeln beurteilen und
- wichtige Renditezahlen errechnen.

Darum geht es in der Praxis

Mit Unternehmenskennzahlen können Sie die vielen Daten des Unternehmens verarbeiten und verdichten. Sie fassen komplexe Sachverhalte zu einem einzigen aussagefähigen Wert zusammen. Dabei kommt es nicht nur auf das Sammeln von Daten (im Rechnungswesen und den verschiedenen Fachbereichen) an, sondern vor allem auf deren Auswertung und Vergleiche (etwa verschiedener Perioden).

Kennzahlen helfen Ihnen bei Entscheidungen in den verschiedensten Bereichen, begonnen bei der Einschätzung eines Unternehmens beim Aktienkauf bis zu innerbetrieblichen Fragen: von der Produktion über Marketing und Verkauf, vom Finanzwesen über die Materialwirtschaft bis hin zum Personalbereich. Auch machen es erst Kennzahlen möglich, unterschiedliche Betriebe miteinander zu vergleichen und zu beurteilen. Nicht nur Investoren, auch Selbständige, Freiberufler und Angestellte mit Entscheidungskompetenzen sollten daher mit diesen Zahlen umgehen und sie einschätzen können.

Sie finden in diesem Kapitel die grundlegenden Größen, die ein Unternehmen als Ganzes beurteilen: Zahlen zur Bewertung des Vermögens, des Kapitals, der Finanzierung, der Liquidität und der Rentabilität eines Betriebs. Gleich zu Beginn werden Sie Kennzahlen errechnen, mit deren Hilfe Sie Bilanzen selber beurteilen können.

Die Bilanz untersuchen

Vermögen bewerten — Übung 47
⏱ 3 min

Die verschiedenen Positionen einer Bilanz können Sie zu Hauptpositionen zusammenfassen: Sachanlagen, Finanzanlagen, Vorräte, Forderungen und flüssige Mittel auf der Aktivseite, entsprechend auf der Passivseite Eigenkapital, langfristiges und kurzfristiges Fremdkapital. Sachanlagen und Finanzanlagen bilden das Anlagevermögen, das dem Unternehmen langfristig zur Verfügung steht. Alle Vermögensposten, die sich rasch ändern, zählen zum Umlaufvermögen: Vorräte, Forderungen, flüssige Mittel.

Berechnen Sie für die Kaugummi AG die Anlagenintensität, die Umlaufintensität und die Konstitution, wenn die Bilanzsumme ein Volumen von 5.432.101 Euro besitzt und das Anlagevermögen 2.453.111 Euro und das Umlaufvermögen 2.978.990 Euro umfasst.

Lösungstipps

- Die Formeln zur Ermittlung der Anlageintensität und der Umlaufintensität können Sie dem Kapitel „Kennzahlen" (siehe S. 114 f.) entnehmen.

- Die Konstitution ergibt sich aus dem Verhältnis zwischen Anlagevermögen und Umlaufvermögen.

Lösung

- Anlagenintensität $= \dfrac{\text{Anlagevermögen}}{\text{Bilanzsumme}} \times 100$

  und damit: $\dfrac{2.453.111 \text{ Euro}}{5.432.101 \text{ Euro}} \times 100 = 45,16 \text{ \%}$

- Umlaufintensität $= \dfrac{\text{Umlaufvermögen}}{\text{Bilanzsumme}} \times 100$

  und damit: $\dfrac{2.978.990 \text{ Euro}}{5.432.101 \text{ Euro}} \times 100 = 54,84 \text{ \%}$

- Konstitution $= \dfrac{\text{Anlagevermögen}}{\text{Umlaufvermögen}} \times 100$

  und damit: $\dfrac{2.453.111 \text{ Euro}}{2.978.990 \text{ Euro}} \times 100 = 82,35 \text{ \%}$

Praxistipps

- Anlagen- und Umlaufintensität werden erst aussagekräftig, wenn man sie mit Kapitalkennzahlen in Verbindung bringt. So ist eine hohe Anlagenintensität in Verbindung mit einem hohen Anteil an Eigenkapital oder langfristigem Fremdkapital keineswegs beunruhigend.

- Eine hohe Konstitution erscheint eher ungünstig, weist sie doch auf eine hohe Belastung mit fixen Kosten hin. Da die Konstitution jedoch erheblich vom Wirtschaftszweig abhängt, sollten Sie den Branchendurchschnitt in Erfahrung bringen, um zu sehen, wo das Unternehmen steht.

Das Kapital strukturieren

Übung 48

⏱ **6 min**

Eine Untersuchung der Passivseite der Bilanz zeigt den Kapitalaufbau, die Gliederung des Kapitals in Eigen- und Fremdkapital. Die Eigenkapitalquote besagt, wie hoch der Prozentsatz der eigenen Mittel an der Finanzierung ist.

Berechnen Sie die Eigenkapitalquote, den Anspannungsgrad und den Verschuldungsgrad der Kaugummi AG, wenn das Eigenkapital 1.950.345 Euro, das Fremdkapital 3.481.756 Euro und die Bilanzsumme 5.432.101 Euro betragen.

Ein hoher Anteil des langfristigen Fremdkapitals am gesamten Fremdkapital bedeutet mehr Sicherheit, da letzteres oft – wie Eigenkapital – dem Unternehmen langfristig zur Verfügung steht. Deshalb möchten Sie auch noch die Quote des langfristigen Fremdkapitals am gesamten Fremdkapital berechnen. Dem Geschäftsbericht der Kaugummi AG entnehmen Sie, dass das langfristige Fremdkapital 2.578.343 Euro beträgt. Bewerten Sie die einzelnen Ergebnisse.

Lösungstipps

Die Formeln zur Ermittlung der Eigenkapitalquote, des Anspannungsgrades, des Verschuldungsgrades und des langfristigen Fremdkapitals können Sie dem Kapitel „Kennzahlen" (siehe S. 115 f.) entnehmen.

Lösung

- Eigenkapitalquote

$$\frac{\text{Eigenkapital}}{\text{Bilanzsumme}} \times 100 \qquad \text{damit: } \frac{1.950.345}{5.432.101} \times 100 = 35,9 \text{ \%}$$

- Anspannungsgrad

$$\frac{\text{Fremdkapital}}{\text{Bilanzsumme}} \times 100 \qquad \text{damit: } \frac{3.481.756 \text{ Euro}}{5.432.101 \text{ Euro}} \times 100 = 64,10 \text{ \%}$$

- Verschuldungsgrad

$$\frac{\text{Fremdkapital}}{\text{Eigenkapital}} \qquad \text{damit: } \frac{3.481.756}{1.950.345} = 1,79$$

- Quote langfristiges Fremdkapital

$$\frac{\text{langfr. Fremdkap.}}{\text{ges. Fremdkap.}} \times 100 \qquad \text{damit: } \frac{2.578.343 \text{ Euro}}{3.481.756 \text{ Euro}} \times 100 = 74,05 \text{ \%}$$

Die Eigenkapitalquote erscheint eher gering, da die sog. „klassische Regel" eine Relation von Eigenkapital zu Fremdkapital von mindestens 1:1 voraussetzt, d. h. der Anspannungsgrad dürfte maximal bei 50 % liegen. Trotzdem haben heute viele Unternehmen eine schlechte Eigenkapitalquote. Sorgen dürfte der Verschuldungsgrad machen, der näher bei Eins liegen sollte. Die Quote des langfristigen Fremdkapitals in Höhe von ca. 74 % relativiert dies etwas, denn es sind eher die kurzfristigen Kredite, die risikoreich sind (Verlängerung fraglich, Risiko der Zahlungsunfähigkeit).

Finanzierung und Liquidität beurteilen

Die Finanzierung beurteilen — Übung 49

🕐 4 min

Nach der „Goldenen Bilanzregel im engeren Sinn" ist das gesamte Anlagevermögen eines Unternehmens durch Eigenkapital bzw. langfristiges Fremdkapital zu finanzieren. Die „goldene Bilanzregel im weiteren Sinn" besagt sogar, dass das Anlagevermögen und das langfristige Umlaufvermögen durch das Eigenkapital und langfristiges Fremdkapital gedeckt sein sollen. Um dies für die Kaugummi AG beurteilen zu können, berechnen Sie nun die drei Formen der Anlagendeckung, die genau über diesen Sachverhalt Auskunft geben. Dazu benutzen Sie die Zahlen aus den vorigen Übungen:

Anlagevermögen: 2.453.111 Euro,
Umlaufvermögen: 2.978.990 Euro, davon 2.045.384 langfristig,
Eigenkapital: 1.950.345 Euro,
langfristiges Fremdkapital: 2.578.343 Euro.

Lösungstipps

Zur Ermittlung der Anlagendeckung I, II und III können die entsprechenden Formeln aus dem Kapitel „Kennzahlen" (siehe S. 117 f.) verwendet werden.

Lösung

- Anlagendeckung I:

$$\frac{\text{Eigenkapital}}{\text{Anlagevermögen}} \times 100 \quad \text{damit:} \quad \frac{1\,950\,345}{2\,453\,111} \times 100 = 79{,}5 \ \%$$

- Anlagendeckung II:

$$\frac{\text{Eigenkapital} + \text{langfristiges Fremdkapital}}{\text{Anlagevermögen}} \times 100$$

$$\text{damit:} \quad \frac{1.950.345 + 2.578.343}{2.453.111} \times 100 = 184{,}6 \ \%$$

Dieses Ergebnis erfüllt die „Goldene Bilanzregel im engeren Sinn".

- Die Anlagedeckung III zeigt, dass auch die „Goldene Bilanzregel im weiteren Sinn" erfüllt ist, da sie über 100 % liegt:

$$\frac{\text{Eigenkapital} + \text{langfristiges Fremdkapital}}{\text{Anlagevermögen} + \text{langfrist. Umlaufvermögen}} \times 100$$

$$\text{damit:} \quad \frac{4.528.688}{4.498.495} \times 100 = 100{,}67 \ \%$$

Praxistipp

Falls Sie auch noch die „Goldene Finanzierungsregel" überprüfen wollen, müssen Sie untersuchen, ob die Fristen der Kapitalverwendung mit den Fristen der Kapitalbeschaffung übereinstimmen.

Die Liquidität berechnen

Übung 50
🕐 **4 min**

Liquidität ist die Fähigkeit, zu einem bestimmten Zeitpunkt alle Zahlungsverpflichtungen erfüllen zu können. So ist es sehr ungünstig, wenn das Vermögen langfristig gebunden ist, jedoch kurzfristig Zahlungen zu leisten sind. Dann gerät ein Unternehmen schnell in Zahlungsschwierigkeiten. Doch auch eine „Überliquidität" ist zu vermeiden; denn es schmälert im Allgemeinen die Rendite, wenn das Unternehmen flüssige Mittel bereithält, die gar nicht benötigt werden.

Wie sieht die Liquidität der Kaugummi AG aus (Liquidität 1., 2. und 3. Grades) bei folgenden Zahlen:

- kurzfristige Verbindlichkeiten: 903.413 Euro,
- kurzfristiges Umlaufvermögen: 2.978.990 Euro, davon
- kurzfristige Forderungen: 752.249 Euro und
- flüssige Mittel: 181.347 Euro?

Lösungstipps

Die Ermittlung der Liquidität 1., 2. und 3. Grades kann analog zu den im Kapitel „Kennzahlen" (siehe S. 118 f.) erfolgen.

Lösung

- Die Liquidität 1. Grades in Prozent:

$$\frac{\text{flüssige Mittel}}{\text{kurzfr. Verbindlichk.}} \times 100 \qquad \text{damit:}\ \frac{181.347}{903.413} \times 100 = 20,07\ \%$$

- Die Liquidität 2. Grades in Prozent:

$$\frac{\text{flüssige Mittel + kurzfr. Ford.}}{\text{kurzfr. Verbindl.}} \times 100$$

$$\text{damit:}\ \frac{933.606}{903.413} \times 100 = 103,34\ \%$$

- Die Liquidität 3. Grades in Prozent:

$$\frac{\text{kurzfr. Umlaufv.}}{\text{kurzfr. Verbindl.}} \times 100 \qquad \text{damit:}\ \frac{2.978.990}{903.413} \times 100 = 329,75\ \%$$

Die Liquidität 1. Grades ist sehr gut, denn sie übersteigt
20 %. Die Liquidität 2. Grades liegt mit knapp über 100 %
gerade noch im akzeptablen Rahmen (100 % – 120 %). Die
Liquidität 3. Grades ist zu hoch, hier reichen 150 % bis
200 %. Das bedeutet, dass die Vorratsbestände der Kaugummi AG zu groß sind und abgebaut werden sollten.

Praxistipp

Die Liquidität 3. Grades als absolute Zahl wird auch als Working Capital bezeichnet. Es berechnet sich aus kurzfristigem
Umlaufvermögen abzgl. der kurzfristigen Verbindlichkeiten.
Ist die Zahl positiv, heißt das, dass nicht das gesamte kurzfristig verfügbare Vermögen zur Deckung der kurzfristigen
Verbindlichkeiten erforderlich ist. Mit dem Working Capital
beurteilt man auch die Bonität eines Unternehmens.

Die Rentabilität erkennen

Kennzahlen zur Rentabilität   Übung 51
🕐 5 min

Wenn Sie feststellen wollen, wie erfolgreich ein Unternehmen arbeitet, dann müssen Sie die Rentabilität berechnen, die Relation von Gewinn zu Kapital bzw. Umsatz. Zur Rentabilität gibt es mehrere Kennzahlen, insbesondere die Eigenkapital-, Gesamtkapital- und Umsatzrentabilität und den Return on Investment (ROI). Diese Kennzahlen möchten Sie nun für die Kaugummi AG berechnen. Der Geschäftsbericht liefert Ihnen wieder die dafür notwendigen Informationen: Eigenkapital: 1.950.345 Euro, Bilanzgewinn: 292.551 Euro, Zinsaufwand: 243.723 Euro, Gesamtkapital: 5.432.101 Euro und Umsatz: 3.753.918 Euro.

Lösungstipps

- Die Formeln zur Ermittlung der Eigenkapital-, Gesamtkapital- und Umsatzrentabilität können dem Kapitel „Kennzahlen" (siehe S. 121) entnommen werden.

- Der ROI ergibt sich als Umsatzrentabilität multipliziert mit dem Verhältnis von Umsatz zu Gesamtkapital.

Lösung

- Eigenkapitalrentabilität:

$$\frac{\text{Gewinn}}{\text{Eigenkapital}} \times 100 \qquad \text{damit: } \frac{292.551}{1.950.345} \times 100 = 15\,\%$$

- Gesamtkapitalrentabilität:

$$\frac{\text{Gewinn} + \text{Zinsen Fremdk.}}{\text{Gesamtkapital}} \times 100$$

$$\text{damit: } \frac{292.551 + 243.723}{5.432.101} \times 100 = 9,9\,\%$$

- Netto-Umsatzrentabilität:

$$\frac{\text{Gewinn}}{\text{Umsatz}} \times 100 \qquad \text{damit: } \frac{292.551}{3.753.918} \times 100 = 7,8\,\%$$

- Der Return on Investment berechnet sich dann:

$$\text{Umsatzrentab.} \times \frac{\text{Umsatz}}{\text{Gesamtkap.}} \qquad \text{damit: } \frac{7,8\,\% \times 3.753.918}{5.432.101} = 5,4\,\%$$

Praxistipp

Die Eigenkapitalrentabilität erreicht mit 15 % zwar keinen optimalen Wert (der wäre bei 20 % – 25 %), doch kommt es hier auch auf das Potenzial des Unternehmens an. Die Gesamtkapitalrendite von knapp 10 % ist gut; diese Kennzahl ist ohnehin aussagefähiger als die Eigenkapitalrentabilität, da sie die Verzinsung des gesamten investierten Kapitals angibt. Die Netto-Umsatzrentabilität erfüllt mit 7,8 % die Norm, der ROI sollte höher liegen (10 %).

Stichwortverzeichnis

Abgeltungsteuer 53 ff., 189, 190, 200 ff.
Abschreibung
 digital 223
 geometrisch-degressive 219
 linear 217
 optimal 221
Abschreibungen 81 ff.
Abzinsung 171
Aktien 47 ff., 179 ff.
 Kursgewinne 51
 Rendite 52
 Versteuerung 53 f.
Anlagenintensität 237
Anleihen 57 ff.
 Rendite 195
Annuität 165
Annuitätenfaktor 173
Arithmetisches Mittel 137
Aufzinsungsformel 157
Barwert 37, 70, 172
Betriebsabrechnungsbogen 95 f.
Bilanzkennzahlen 237 f.
Break-even-Punkt 233
Briefkurs 13, 135
Cash flow 118
Cost-Average-Effekt 198
Deckungsbeitrag I 229
Deckungsbeitrag II 231
Deckungsbeitragsrechnung 103 f., 106
Devisen 12 ff.
Disagio 38, 40, 155, 161
Diskont 66
Diskontierung 65 ff.
Diskonttage, Berechnung 66

Dividende 45, 47, 51
Dividendenrendite 185
Dreisatz 7 ff.
 mit geradem Verhältnis 131
 mit ungeradem Verhältnis 133
Durchschnitt 17 ff., 137
Effektivzins 148, 161
Effektivzinssatz 38 ff.
Eigenkapitalquote 239
Erwartungswert 211 ff.
Eurozinsmethode 30
Fairen Kurswert 193
Finanzierung 147 f.
Finanzplan 167 ff.
Geldkurs 13, 135
Geringwertige Wirtschaftsgütern (GWG) 91
Gewinnschwelle 233
Gewogener Durchschnitt 137
Goldene Bilanzregel 241
Grundwert 22 ff., 143
Interner Zinsfuß 163
Kalkulation 93, 98 ff.
 Handel 225
 Industrie 227
Kalkulationszinsfuß 171
Kapital 153
Kapitalwert 164, 167 ff.
Kapitalwertmethode 171
Kennzahlen 113 ff., 235 ff.
 Akkordrichtsatz 123
 Anlagendeckung 117
 Anlagenintensität 114
 Anspannungsgrad 116
 Bruttolohn 123
 Cash flow 122

Eigenkapitalquote 115
Liquidität 118 f.
Minutenfaktor 125
Produktivität 120
Rentabilität 121
Umlaufintensität 114
Verschuldungsfaktor 118
Verschuldungsgrad 116
Vorratsintensität 115
Wirtschaftlichkeit 120
Zeitakkordsatz 124
Konstitution 237
Körperschaftsteuer 53
Kosten- und Leistungsrechnung 93 ff.
Kostenrechnung 93 ff., 215 ff.
Kreditangebote 38 ff.
Kurs-Cashflow-Verhältnis 183
Kurs-Gewinn-Verhältnis 179
Kurswert 45, 47, 58 f.
Leasing 75 ff.
Leibrente 175
Median 137
Mengennotierung 14
Mittelwert 138
Nachschüssige Zahlung 160, 173
Nennbetrag 161
Nennwert 66
Nettozahlungsreihe 168
Nominalzins 148, 161
Promillerechnung 21
Prozentrechnen 21 ff., 139 ff.
Prozentsatz 139
Prozentwert 141
Quersumme 145
Rendite 162 ff.
    nach Steuer 189

vor Steuer 187
Rendite/Risiko-Verhältnis 191
Rentabilitätskennzahlen 245
Return on Investment (ROI) 245
Risiko/Rendite-Verhältnis 191
Schuldverschreibungen 57 f.
Skontoabzug 40
Steuern 187 ff.
Stückzinsen 153
Summarische Zinsrechnung 34
Tageberechnung, kaufmännische 29, 67
Tilgung 165
Umlaufintensität 237
Unterjährige Anlage 157
Verschuldungsgrad 239
Verteilungsrechnung 17, 19, 137
Volatilität 191
Vollkostenrechnung 97, 103 f.
Vorschüssige Zahlung 160
Wahrscheinlichkeitsrechnung 207
Wahrscheinlichkeitsrechnung 205 f.
Währungsrechnen 11 f., 135
Wechsel 65 ff.
Zeitrenten 173
Zinsberechnung 149 f.
    länderspezifisch 151
Zinsen 27 ff.
Zinseszins 157
    bei Sparplänen 159
Zinseszinsrechnen 35 ff.
Zinsrechnung
    auf Hundert 155
    im Hundert 155
Zinssatz 153

Bibliografische Information der Deutschen Nationalbibliothek
Die Deutsche Nationalbibliothek verzeichnet diese Publikation in der Deutschen National-
bibliografie; detaillierte bibliografische Daten sind im Internet über http://dnb.d-nb.de
abrufbar.

ISBN 978-3-648-01109-6
Bestell Nr. 00361-0001

Redaktionsanschrift: Fraunhoferstraße 5, 82152 Planegg/München
Telefon: (089) 895 17-0,
Telefax: (089) 895 17-290
www.haufe.de
online@haufe.de
Lektorat: Dr. Matthias Nöllke, Dr. Ilonka Kunow
Redaktion: Jürgen Fischer

Umschlaggestaltung: Kienle gestaltet, Stuttgart
Umschlagentwurf: Agentur Buttgereit & Heidenreich, 45721 Haltern am See
Desktop-Publishing: Agentur: Satz & Zeichen, Karin Lochmann, 83071 Stephanskirchen
Druck: freiburger graphische betriebe, 79108 Freiburg

Zur Herstellung dieses Buches wurde alterungsbeständiges Papier verwendet.

Die Autoren

Dipl.–Kfm. Manfred Weber

Manfred Weber ist Volkswirt und Betriebswirt. Er war mehr-jährig in der Wirtschaft im Finanz- und Rechnungswesen, im Kreditgeschäft und in der Konzernrevision tätig. Er ist Ober-studienrat im kaufmännischen Schulwesen und Mitglied im Prüfungsausschuss der IHK für Industriekaufleute. Seit 1972 Fachautor verschiedener Publikationen der Haufe Medien-gruppe. Von ihm ist auch der TaschenGuide „Bilanzen lesen" erschienen.

Von Manfred Weber stammt der erste Teil dieses Buches (S. 7 bis 126).

Michael Hauer,

Diplom-Mathematiker und Certified Financial Planner, berät Banken und Versicherungsgesellschaften im Bereich Finanz-planung, insbesondere zum Thema Altersvorsorge, und ist Dozent an der EUROPEAN BUSINESS SCHOOL Finanzakade-mie sowie an der Hochschule für angewandte Wissenschaf-ten Amberg-Weiden.

Thomas Dommermuth,

Steuerberater und Professor an der Hochschule für angewandte Wissenschaften Amberg-Weiden, bekannt durch eine Reihe von Rundfunk- und Fernsehauftritten, berät Sparkassen und Landesbausparkassen auf dem Gebiet der privaten und betrieblichen Altersversorgung sowie zahlreiche andere Finanzdienstleister.

Die Autoren sind Gesellschafter und Geschäftsführer bzw. Gesellschafter des Instituts für Vorsorge und Finanzplanung: www.vorsorge-finanzplanung.de

E-Mail: info@vorsorge-finanzplanung.de

Von Michael Hauer und Thomas Dommermuth stammt der zweite Teil dieses Buches (S. 127 bis 246).

Weitere Literatur

Kaufmännisches Rechnen von A–Z, von Manfred Weber, 296 Seiten, mit CD-ROM, € 19,80.
ISBN 978-3-448-10106-5, Bestell-Nr. 01005

Kaufmännische Buchführung von A–Z. Richtig buchen und bilanzieren nach HGB und IFRS, von Manfred Weber, 336 Seiten, mit CD-ROM, € 24,80.
ISBN 978-3-648-01118-8, Bestell-Nr. 01129

Schwierige Geschäftsvorfälle richtig buchen, von Iris Thomsen, 327 Seiten, mit CD-ROM, € 34,80.
ISBN 978-3-648-01517-9, Bestell-Nr. 01168

Mustermappe Altersvorsorge, hg. von Prof. Dr. Thomas Dommermuth und Michael Hauer, 104 Seiten, € 7,95.
ISBN 978-3-448-09693-4, Bestell-Nr. 02062

Sichere Altersvorsorge. Was Sie jetzt dafür tun können, von Prof. Dr. Thomas Dommermuth, Michael Hauer und Frank Nobis, 128 Seiten, € 6,90.
ISBN 978-3-448-09685-9, Bestell-Nr. 00928

Geldanlage von A–Z, von Prof. Dr. Thomas Dommermuth, Michael Hauer und Frank Nobis, 128 Seiten, € 6,90.
ISBN 978-3-448-09687-3, Bestell-Nr. 00954

Die Haufe Akademie

bietet Seminare zu den Themen Buchführung, Rechnungswesen und Finanzierung an: Mehr Informationen erhalten Sie unter www.haufe-akademie.de oder Tel. 0761/898-4422.

Haufe TaschenGuides
Kompakte Informationen zum kleinen Preis

Der Betrieb in Zahlen

- ABC des Finanz- und Rechnungswesens
- 400 Mini-Jobs
- Balanced Scorecard
- Betriebswirtschaftliche Formeln
- Bilanzen
- BilMoG
- Buchführung
- Businessplan
- BWL Grundwissen
- BWL kompakt
- Controllinginstrumente
- Deckungsbeitragsrechnung
- Einnahmen-Überschussrechnung
- Finanz- und Liquiditätsplanung
- Formelsammlung Betriebswirtschaft
- Formelsammlung Wirtschaftsmathematik
- Die GmbH
- IFRS
- Kaufmännisches Rechnen
- Kennzahlen
- Kontieren und buchen
- Kostenrechnung
- Statistik
- VWL Grundwissen

Mitarbeiter führen

- Besprechungen
- Checkbuch für Führungskräfte
- Führungstechniken
- Die häufigsten Managementfehler
- Management
- Managementbegriffe
- Mitarbeitergespräche
- Moderation
- Motivation
- Projektmanagement
- Qualitätsmanagement
- Spiele für Workshops und Seminare
- Teams führen
- Workshops
- Zielvereinbarungen und Jahresgespräche

Karriere

- Assessment Center
- Existenzgründung
- Gründungszuschuss
- Jobsuche und Bewerbung
- Vorstellungsgespräche

Geld und Specials

- Sichere Altersvorsorge
- Energie sparen im Haushalt
- Energieausweis
- Geldanlage von A–Z
- Immobilien erwerben
- Immobilienfinanzierung
- Meine Ansprüche als Rentner
- Die neue Rechtschreibung
- Eher in Rente
- Web 2.0
- Zitate für Beruf und Karriere
- Zitate für besondere Anlässe

Persönliche Fähigkeiten

- Allgemeinwissen Schnelltest
- Ihre Ausstrahlung
- Burnout
- Business-Knigge
- Mit Druck richtig umgehen